——赚到你的第一桶金——

张 鹤◎著

中国铁道出版社有限公司
CHINA RAILWAY PUBLISHING HOUSE CO., LTD.

内 容 简 介

本书以投资风险为逻辑主线，详细地介绍了适合普通人参与的理财工具，先由储蓄、货币基金等保本理财工具入手讲解理财入门知识，引导理财新人进入理财世界，建立理财习惯；再由基金等低风险理财工具，讲解进阶理财知识，引导投资者构建稳健的投资组合；最后由股票、外汇等高风险理财工具讲解理财技能，帮助投资者实现超额收益。

本书旨在引导读者从入门的理财工具开始学习，逐步进阶学习风险理财工具、循序渐进、系统性地构建理财知识体系，层层深入地建立自己的投资组合，无论理财技能还是财富的增长，都可以由少到多循序渐进，滚雪球般实现财富的积累。

图书在版编目（CIP）数据

滚雪球式理财:赚到你的第一桶金/张鹤著.—北京：中国铁道出版社有限公司，2019.10（2022.1重印）
ISBN 978-7-113-26172-6

Ⅰ.①滚… Ⅱ.①张… Ⅲ.①财务管理-通俗读物
Ⅳ.①TS976.15-49

中国版本图书馆CIP数据核字（2019）第178907号

书　　名：滚雪球式理财：赚到你的第一桶金
作　　者：张　鹤

责任编辑：张亚慧　**编辑部电话：**(010)51873035　**邮箱：**lampard@vip.163.com
封面设计：MXK DESIGN STUDIO
责任印制：赵星辰

出版发行：中国铁道出版社有限公司（100054，北京市西城区右安门西街8号）
印　　刷：佳兴达印刷（天津）有限公司
版　　次：2019年10月第1版　2022年1月第2次印刷
开　　本：700mm×1 000mm 1/16　**印张：**12　**字数：**184千
书　　号：ISBN 978-7-113-26172-6
定　　价：49.00元

前　言

理财是一种理念，更是一种技能

这些年来笔者一直致力于理财教育与传播的工作。理财这一理念刚刚在国内兴起时，大部分人对理财的认知仅限于存钱、买国债，我和同事们受出版社之邀，撰写了一本适合国人阅读的理财书，书名定为《成功理财的16堂课》。我们踌躇满志地撰写这本理财书，大有一夜之间把理财知识传遍天下的豪情壮志。

《成功理财的16堂课》出版后，迅速畅销起来，人们学习理财的热情远远超出了我们的想象。我和同事们传播理财知识的热情因此被大大激发，此后我们又撰写出版了《从零开始学理财》一书，这本书出版后也迅速畅销起来，并成为当当网畅销书排行榜上的常客。

我们不遗余力地传播理财知识，普及理财教育，是希望人们参与理财，通过理财让财富与日俱增，而不是随着时间的流逝让财富缩水。

此后几年，智能手机及移动互联网普及应用，丰富了理财知识传播的渠道，人们通过手机上网就能快速便捷地学习理财、应用理财。我认为我们传播理财知识的使命告一段落，然而事与愿违。

2015年，互联网金融兴起，各种P2P平台风起云涌，高达30%的收益率吸引了无数人参与。参与者还没来得及连本带利落袋为安时，各路P2P平台倒闭、P2P平台携款跑路的事件大频率爆发，大部分参与者高收益没赚到，反倒是赔了本金。

到了2017年，各种打着区块链概念的App开始盛行，有的App制作简陋，连高管团队、项目情况都懒得介绍，然而只要描绘一个高收益率，就能吸引无数人参与。当参与者还没弄清玩法时，所谓的区块链App一夜之间消失了，报警都不知道该找谁。

我个人感觉 2015 年是一个分水岭。2015 年之前，我收到的咨询大多是："我该买什么理财产品？买什么理财产品能赚钱？" 2015 年之后，我收到的咨询大多是："我投资了 60 万元，但是被骗了，我该怎么办？"

移动互联网的普及，虽然丰富了人们获取理财知识的渠道，但是过于庞杂的信息加大了人们选择正确信息的难度。移动互联网为各种金融骗局提供了发展的通道，只要用一个新概念，各路骗子平台就能把自己包装成高大上的金融机构，借助互联网大行其道。只要迷信理财暴富，就会掉入这些理财陷阱。在这些陷阱中，设局者割小白的韭菜，先入局的小白割后来者的韭菜。

只要贪心、只要没有理财常识，就会掉入陷阱而赔掉本金。

其实，只要稍微具备一点理财常识的人，就能看透所谓高大上金融机构的伎俩。具有理财常识的人不会盲目追捧超高收益，不会轻信理财暴富的传闻，而会选对的理财机构和合适的理财产品。

现在看来，理财教育的道路任重而道远。

在当今咨询异常发达的时代，人们最应该学习两种常识：一种是理财常识，一种是保健常识。掌握了理财常识，不会被割韭菜；学习了保健常识，不会交智商税。

在我看来，学习理财有三个层面的含义，一是保障本金的安全，二是保障财富不会随着时间的流逝而缩水，三是启动以钱赚钱的投资理财模式，让财富实现增值。

本书详细地介绍了适合普通人参与的安全合规的理财工具，例如储蓄、股票、基金、国债、期货、外汇等，以投资风险为逻辑主线，先由储蓄、货币基金等保本理财工具入手，讲解理财入门知识，再由基金等低风险理财工具，讲解进阶理财知识，最后由股票、外汇等高风险理财工具讲解理财技能。书中每章都针对不同的投资理财方式进行了策略分析，无论你是怀抱着何种目的阅读此书，相信在读过之后都会有一定的收获。

本书旨在引导读者从入门的理财工具开始学习，逐步进阶学习风险理财工具，循序渐进、系统性地构建理财知识体系，层层深入地建立自己的投资组合。无论理财技能还是财富的增长，都可以由少到多循序渐进，滚雪球般实现财富的积累。

理财是一种理念，更是一种技能，愿本书能帮你远离非法理财工具，带你走进合规的投资理财世界；能引导你从财富累积的过程入手实现以钱赚钱，让财富如同雪球自动滚动般越滚越大。需要提醒的是，投资股市有风险，入市需谨慎！

编　者

2019 年 6 月

引　言

理财如同滚雪球

小时候，我和小伙伴们非常热衷于玩滚雪球游戏。一个小小的雪块，在雪地上不断滚动，就会滚成一个大雪球。只要有足够的耐心和力气，这个雪球就会越来越大。

我和小伙伴们经常比赛滚雪球：看谁滚的雪球大。在若干次的比赛后，我总结出了滚大雪球的诀窍，若想滚出大雪球，必须在又厚又湿的雪道上反复滚动，雪球才能快速变大，同时雪道上不能有树枝、玻璃等杂物，如果有玻璃等杂物，雪球会被刺破破裂，导致前功尽弃。当雪球足够庞大时，即使不使用外力推动，雪球也会自动滚动起来。

巴菲特在其著作《滚雪球》一书中说道："人生就像滚雪球。最重要的是发现很湿的雪和很长的坡。"人生像滚雪球，投资理财更像滚雪球，我们手里的本金就像一把小雪球；又厚又湿的雪道相当于基金、股票、外汇等理财工具，通过投资获利，雪球不断变大；防止雪球破裂相当于控制投资风险；雪球足够大自动滚动起来，相当于启动复利，钱自动赚钱。

这就是理财的滚雪球效应，我在这里把它称为滚雪球理财。滚雪球理财涉及以下三个重要元素：

（1）小雪球（本金）。

（2）又厚又湿的雪道（理财工具）。

（3）防止雪球破裂（控制风险）。

在这三个元素中，理财工具是尤为重要的元素，也是滚雪球理财的核心元素，理财工具选择不当，小雪球不但不会滚动为大雪球，甚至会破裂，血本无归。所以，在本书中，我用了很大的篇幅着重讲解理财工具的交易原理与策略选择。

选择理财工具一定要遵循两个原则，一是选择安全的理财工具，二是选择和自身层次相匹配的理财工具。安全的理财工具是指合法合规的理财工具，例如基金、国债、股票等理财工具。

我分析总结了适合个人投资的 14 种合法合规的理财工具，并按照风险程度进行排序，具体见下表。

理财工具一览表

理财工具	风险程度	投资门槛
储蓄	低	无
保险	低	偏低
债券	偏低	偏低
银行理财产品	偏低	高
债券	偏低	低
基金	偏低	低
黄金	偏低	低
外汇	偏高	低
权证	偏高	高
期货	偏高	高
股指期货	偏高	偏高
现货黄金	偏高	适中
股票	高	低
P2P 理财	高	低

选择不合法合规的理财工具，面临的最大的风险是被割韭菜，在资讯发达的今天，非法理财工具简直多如牛毛，借着互联网发达的传播手段无孔不入，只要渴望一夜暴富，就会落入圈套被割韭菜。例如，爆雷跑路的 P2P 平台、各种虚拟币、超高收益的代客理财等，都曾让投资者一夜之间血本无归。

在上述 14 种理财工具里，我筛选出了以下 12 种适合个人投资的理财工具，其中有 7 种保本理财工具，是风险偏低、收益适中的理财工具，如果忽略通货膨胀和机会成本，投资风险在理论上可以视为零，非常适合初级入门及追求安稳收益的投资者学习使用。

适合个人投资的理财工具一览表

风险程度	理财工具	投资门槛
保本理财工具	储蓄 余额宝 货币基金 保本基金 结构性存款 国债 分红型保险	偏低
低风险理财工具	基金 黄金	低
高风险理财工具	股票 外汇	低

1. 防止雪球破裂（控制风险）

选择合法合规的理财工具，可以看作控制风险的第一道关口。而第一道关口通过了，就安全了吗？也不尽然。在投资的过程中，还要注意控制风险，防止雪球破裂。

在投资过程中，最大的风险其实来自自身，主要包括以下两个方面：

（1）知识储备不够，盲目入市。天下没有免费的午餐，想想我们考上大学是用多少年的“寒窗”之苦换来的，我们在工作上取得的成绩是用多少辛苦换来的？什么也不学就想通过理财赚钱，其结果必然会付出惨痛的代价。

投资知识欠缺、投资技术不过关，就盲目入市，代价必然是血本无归。

（2）贪心，想一夜暴富。贪婪可以说是人的本性。进入金融市场的人几乎都是为了赢利、为了赚取更多的收益，贪婪往往会使投资者迷失在这场金钱游戏中。从某种意义上讲，只有克服天性中贪婪的欲望，才能在金融市场中保持冷静的头脑、稳定的心智。

无节制的贪婪意味着毁灭，遗憾的是大部分投资者既不能克服贪婪，也不能心怀恐惧，交易判断和决策更多的时候是由情绪主导，交易心智失灵，理财的结果自然不够美妙。

2. 本金（小雪球）

最后我们回到投资的初始启点：投资本金。本金主要涉及两个方面的内容：一是积攒足够的钱作为本金进行投资理财，二是在投资理财的过程中保障本金的安全。

巴菲特曾说，交易的第一条原则是保住本金，第二条原则与第一条一样。任何不试图保住本金的投资，都是败家；任何为了本金而过度情绪化的交易，终将是输家。前面讲的选择安全合规的理财工具、控制理财风险，都是为了保障本金的安全。

如何积攒本金？这是一个老生常谈的问题，本书第一章所讲的储蓄和第三章所讲的保本工具的投资，实质上在讲积攒本金的方法和途径。积攒本金的过程既是在培养理财习惯，也是在学习理财入门技能，这是非常重要的一个阶段。然而大部分人都跳过这个过程，直接从股票、外汇等高风险理财工具入手学习投资，这显然是一种急功近利的做法。

在这里我给大家指出一个学习理财的路径，这也是本书章节的编排顺序，具体路径如下图所示：

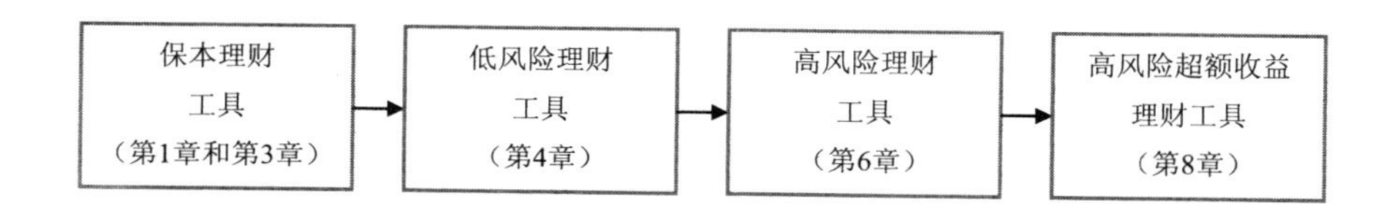

目 录

CONTENTS

第1章

储蓄“三剑客”，由储蓄组合开始学理财

银行储蓄、货币基金、余额宝是储蓄的“三剑客”，三者各有优劣，在进行储蓄理财时，不能局限于某一个理财工具上，要互为补充使用。理财新人可以把余额宝作为理财入门工具，由余额宝开始入手学习货币基金的投资攻略。

本章主要内容包括：

- 储蓄开启理财之路
- 活期存款理财模式
- 定期存款理财模式
- 简单易行的储蓄理财技巧
- “准储蓄”——货币基金
- 随时随地储蓄——余额宝

1.1 储蓄开启理财之路

要想启动滚雪球理财，首先得有本金，没有本金，一切的理财活动都是奢谈。可以说，储蓄是积攒本金的有效途径。现在很多年轻人会觉得向银行存钱“out”了，其实不然。储蓄看似微不足道，但是对于个人具有非常大的重要性，尤其对于月月光的年轻人而言，储蓄可以规避乱消费，同时可以开启滚雪球理财之路，实现财务自由。

1.1.1 储蓄能够提高应付危机的能力

我的小侄女 24 岁了，大学毕业之后在一家广告公司就职，每月只有 4000 元的工资，这样的工资在一线城市只能够维持日常的生活开销，刨除每月的房租以及水电费，工资所剩无几。现在她已经工作了两年，没有一分钱的存款。

她认为，她的工资很低，没有闲钱理财。小侄女代表了大多数年轻人的想法，诸如薪水低没必要理财，薪水低没有闲钱理财等，其实这样的想法是理财的最大误区。

养成储蓄的习惯可以将一些不起眼的“小钱”积攒起来，经过日积月累能够获得的收效是自己都可能想象不到的。丰厚的储蓄可以应付不时之需，在特定危机情况下从容渡过危机。不懂得储蓄的重要性，在面临“饥荒”的时候就会被杀得措手不及。

下面这个故事极好地阐释了储蓄的重要性。

在一个和平的乡间小镇中，有一户人家的媳妇每次做饭时都会预留出一碗米倒入炉灶旁的米缸当中。家里人不理解她的做法，认为仅仅一碗米并不会起到什么作用。但面对大家的质疑，这位媳妇总是微微一笑，不做解释。直到有一天，一直风调雨顺的小镇遇上了几十年不遇的大旱，在饥荒来临的时候，全家人都一筹莫展。这时，媳妇像变戏法似的将炉灶后的大米缸拿了出来。此时，全家人惊奇地发现，原本每天一碗不起眼的米，经历了长时间的积累竟然已经存了满满一缸。靠着这一缸大米，全家人平安渡过了饥荒。媳妇的做法也最终被一家人理解。

储蓄就如同这个案例。我们可以把媳妇每次“做饭预留出的一碗米”看作每个月的储蓄，日积月累，聚沙成塔，每个月看似不起眼的几百元，时间长了就会变成一笔巨款。如果在此基础上使用一些储蓄技巧，这笔储蓄将会利滚利跑动起来，变成以钱赚钱。

通过储蓄能积攒一定数量的金钱，只有拥有了一定数量的金钱才能够有本金实践理财。因此，储蓄是理财的基础，也是通向理财道路的第一步。

1.1.2 储蓄可以为理财打下坚实基础

试想一下，如果我们身无分文，那么一切理财工具对于我们而言都是没有意义的，更不存在如何理财的问题。

一个人想克服贫困给他带来的困扰，那么就必须采取两个步骤：一个是勤劳地工作；另外一个是量入为出，然后把消费剩下来的钱作为储蓄资金并进行理财。

对许多家庭而言，每个月中拿出一定数量的收入存入银行，一点也不困难，困难的是如何养成这样一个习惯。

俗话说：“先有财，再理财。”储蓄的过程就是积攒理财本金的过程，首先我们需要有一定的本钱，其次才能够运用理财的手段让这笔本金不断如滚雪球般变大。对于有储蓄习惯或者自制力比较好的人，理财的过程才有可能会更加简单和愉快。

1.1.3 储蓄能赢得别人的信赖

小侄女还向我提到曾有同学向她借钱的经历。曾有两个同学向她借钱，其中一个同学因为突发事件而借钱，这位朋友平日就有储蓄理财的习惯，而另一个朋友则是时常向身边人借钱，花钱没有任何计划。小侄女再三考量，决定将钱借给第一个同学，而拒绝了第二个同学。

通过这件事情，就能够体现一个人懂得理财的重要性，储蓄本身就是一个积累信任的过程。

大银行家摩根曾经说过：“我宁愿贷款 100 万元给一个品质良好，且已经养成储蓄习惯的人，也不愿贷款 1000 元给一个品德差且花钱大手大脚的人。”养成储蓄的习惯不仅能够给自己积累一定的财富，更重要的是能够养成节约、有计划开支的意识，这是学习理财技能的第一步。

储蓄是一件极其需要毅力的事情，要知道，在现代社会中，光怪陆离、各种新奇事物不断涌现，市面上出现了越来越多的诱惑，对于人们来说，需要花钱的东西越来越多，而有存款意识的人却越来越少。

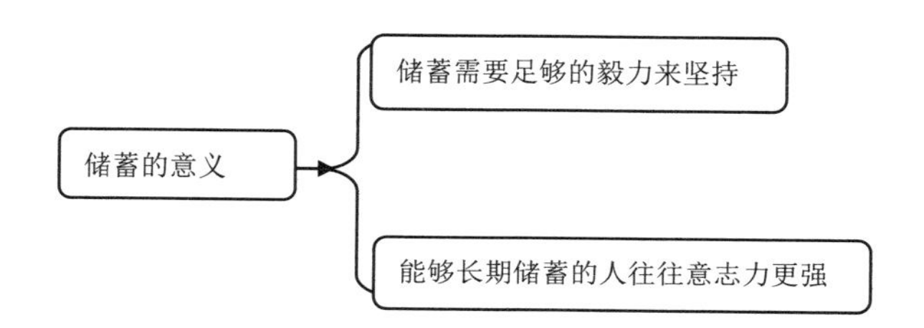

能够养成坚持储蓄习惯的人，往往自制力更强，意志力更坚定，做起事来在细节方面的把控力度更强。这样的人当然更有实力完成他人嘱托的任务，因此，无论是在生活还是工作中，懂得储蓄的人常常更能获得他人的信赖。

1.1.4　储蓄助你东山再起

在我身边有越来越多的创业朋友投身到变幻莫测的市场当中，其中不乏一些充满自信的投资者投入了自己的全部家当。

但要知道的是，投资是具有一定风险的，市场往往变化莫测。有很多充满豪情壮志的投资人在血本无归之后一蹶不振，如果这些投资者能够有一笔储蓄备用金，凭借这点余粮就能很快从投资失败的低谷中爬出来。

在很多人心目中，“小钱”根本就不足为道，却忘记了俗话说“星星之火，可以燎原”的道理。

留存储蓄备用金，对于投资理财失败者来说，就是留下了今后东山再起的星星之火。有了这一部分资本，待到经济形势好转，投资环境改变，就完全可以作为启动资金，重新开创出理财的新局面来。如果没有这部分钱，形势再好、机会再多，也只能眼睁睁看着别人拥有东山再起的机会。

> 储蓄既可以避免乱消费，又可以开启滚雪球理财之路，实现个人财富管理。

1.2 活期存款理财模式

储蓄是理财的基础，最大的优点就是本金安全、培养理财意识、养成理财习惯，最大的缺点是收益率低。大部分人学习了如何投资基金和股票，却忘了认真学习如何储蓄。我收到的理财咨询问题大多都是：我如何投资股票赚钱？很少有人问我：我该如何储蓄？

储蓄作为入门级的理财品种，需要学习吗？当然需要学习，假设储蓄和股票、基金等一样，存在亏损本金的风险，那么我相信绝大部分人都会认真学习储蓄知识，大部分的理财书和理财培训课也会系统讲解如何储蓄。正是因为储蓄存在着本金绝对安全的优势，大部分人忽略了储蓄理财的学习和修炼。

在系统讲解储蓄前，先厘清两个基本理念：

（1）储蓄不仅仅指银行储蓄，现在的储蓄定义更为宽泛，在这里我把货币基金和余额宝也归结为储蓄大家族中，诚如本章开篇所说：银行储蓄、货币基金、余额宝是储蓄的三剑客，它们各有优劣，可以互为补充使用。

（2）储蓄绝不是将一笔钱放入银行便高枕无忧这么简单，储蓄有很多技巧，操作得当，既能积攒投资理财的本金，同时又能让本金的收益最大化，为日后的滚雪球式理财奠定基础。

讲储蓄，必然首先从银行储蓄开始讲起。银行储蓄是书面语，换成口语就是存钱，存钱分为活期存款和定期存款两种。

活期存款是指不规定期限，可以随时存取现金的一种储蓄方式。活期存款非常灵活，可随时存入、随时取出。

大多数人把活期存款等同于工资卡，日常生活开销用工资卡里的钱支付，至于卡里的余额如何规划管理，基本是空白。持有这种做法的人，可以说还没有建立理财意识，更奢谈以滚雪球式理财实现财务自由。

我一直倡导：每一份闲钱都需要理财，所以活期存款一定要进行理财。活期存款如何进行理财呢？从活期存款的优点和缺点两个方面来讲，活期存款的最大优点就是灵活，随取随用，最大的缺点是利率低，所以针对活期存款的理财，就是要发挥它的灵活性，规避利率低的劣势。

简而言之，就是把未来三个月要使用的现金存为活期存款，其他现金存为定期存款或者投资货币基金。

一般情况下以下三类资金可用作活期存款：

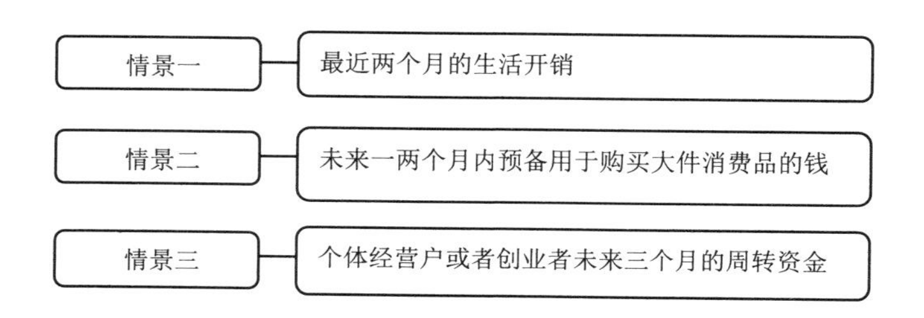

除了以上三种情况外，活期存款里的钱都要转存为定期存款，让闲钱产生更多的利息收入，此时要充分使用银行的活期转定期存款和定活两便这两项业务。

1.2.1 活期转定期

活期转为定期简单来说，就是投资者将活期存款通过银行转变为定期存款的方式。

在前文中已经提到，活期存款是没有固定期限的，存款人可以随时存钱随时取钱，其利率要低于同期定期存款。定期存款亦称“定期存单”，银行与存款人双方在存款时事先约定期限、利率，到期后支取本息的存款。

以工商银行为例，目前银行提供的定期存款有以下几种：

定期存款种类表

项目	年利率 %
整存整取	
三个月	1.35
半年	1.55
一年	1.75
二年	2.25
三年	2.75
五年	2.75
零存整取、整存零取、存本取息	
一年	1.35
三年	1.55
五年	1.55

活期转定期：可将活期存款转存定期，共分 3 个月、6 个月、1 年、2 年、3 年、5 年六档期限，以存款日挂牌定期存款利率计息。

有些定期存单在到期前，如果存款人需要资金可以在市场上卖出；有些定期存单不能转让，如果存款人选择在到期前向银行提取资金，需要向银行支付一定的费用。

1.2.2 定活两便

定活两便的存款是指在存款开户时不必约定存期，银行根据客户存款的实际存期按规定计息，可随时支取的一种个人存款种类。

中国工商银行对定活两便的利率计算标准是：按一年以内定期整存整取同档次利率打 6 折。这里涉及一个关键词：一年以内整存整取，这是定期存款的一种储种，是指储户整笔存入，到期一次整笔连本带息取出的储蓄方式。

在这里以中国工商银行为例，对比活期存款和一年整存整取利率的差别。

活期存款和一年整存整取利率对比表

储蓄种类	年利率 %
活期存款	0.3

续表

储蓄种类	年利率 %
整存整取（一年）	1.75
定活两便利率	1.05

定活两便利率和活期存款的利息差了0.75个点，这个利息差很大，很显然，如果不设置定活两便，我们活期存款上的金钱相当于在偷懒、怠工，没有为我们的财务添砖加瓦。

定活两便由50元起存，开户时不必约定存期，定活两便由银行根据储户实际存期按规定计息，可以随时支取。

定活两便利率表

存款时间	利率
不足3个月的	利息按支取日挂牌活期利率计算
存期3个月或3个月以上且不满半年的	利息按支取日挂牌定期整存整取3个月存款利率打六折计算
存期半年或半年以上且不满1年的	整个存期按支取日定期整存整取半年期存款利率打六折计息
存期1年或1年以上，无论存期多长	整个存期一律按支取日定期整存整取1年期存款利率打六折计息

1.2.3 通知存款

对于未来一两个月内预备用于购买大件消费品的钱，可以存入活期存款里，但是如果这笔钱金额巨大，存入活期存款就是巨大的浪费。这时候，通知存款就可以派上用场了。

通知存款是指在存入款项时不约定存期，支取时提前几天通知银行，约定支取存款日期和金额的一种个人存款方式。

通俗的解释就是：把钱存入银行，需要用钱时，提前7天或者提前1天告知银行，利率高于同期活期存款利率。

通知存款是按照存款人选择的提前通知的期限长短进行划分，包含1天通知存款和7天通知存款两个品种。其中1天通知存款需要提前1天向银行发出支取通知，并且存期最少需2天；而7天通知存款需要提前7天向银行发出支取通知，并且存期最少需 7 天。

通知存款和活期存款的利弊对比表

储蓄种类	年利率 %
活期存款	0.3
1 天通知存款	0.55
7 天通知存款	1.1

上表是中国工商银行的存款利息，7 天通知存款的利息比活期存款的利息高出 0.8 个点，千万不要小瞧这 0.8 个点，假如你活期存款里有 30 万元，预计下个月用来买车，把这笔钱存为通知存款，显然比活期存款更划算。

通知存款堪称活期存款的最佳补充，活期存款和通知存款搭配使用，可以让暂时不用的闲钱最大化地发挥收益。

通知存款设置了最低存入门槛，最低起存金额为人民币 5 万元，外币等值 5 千美元。为了方便操作，存款人可在存入款项开户时提前通知取款日期或约定转存存款日期和金额。

通知存款需一次性存入，可以一次或分次支取，但分次支取后账户余额不能低于最低起存金额，当低于最低起存金额时银行给予清户，转为活期存款。

活期存款方式能够大幅提升银行储蓄的灵活性。

1.3 定期存款理财模式

在我最开始接触理财时，知道的储蓄方式仅仅局限于将每个月的工资存进银行，获得的利益几乎可以忽略不计。想必大部分人和我一样，想当然地认为储蓄就是存钱取钱，毫无技术含量。后来，随着理财技能的逐渐提升，我逐渐了解到，原来银行的储蓄方式并非就是存钱取钱这么简单，运用储蓄理财其实大有门道。

定期存款，是指存款人同银行约定存款期限，到期支取本金和利息的储蓄方式。相对于活期存款而言，定期存款又称为死期存款。顾名思义，定期存款虽然利息高于活期存款，但是缺少灵活性，不能随存随取，如果存款人选择在到期前取出定期存款，利息上会有损失。

下面以中国工商银行为例，比较定期存款和活期存款的利息差别：

人民币存款利率表　　截至 2019-06-07

项目	年利率 %
（一）活期	0.3
（二）定期	
1. 整存整取	
三个月	1.35
半年	1.55
一年	1.75
二年	2.25
三年	2.75
五年	2.75
2. 零存整取、整存零取、存本取息	
一年	1.35
三年	1.55
五年	1.55

一般情况下，定期存款的起存金额为 50 元，多存不限。其存期分别为 3 个月、6 个月、1 年、2 年、3 年、5 年。

定期储蓄存款到期支取按存单开户日存款利率计付利息，提前支取按支取日活期储蓄存款利率计息，逾期支取，逾期部分按支取日活期存款利率计息。

对于未到期的定期储蓄存款，储户如若想要提前支取，必须持存单和存款人的身份证明办理。

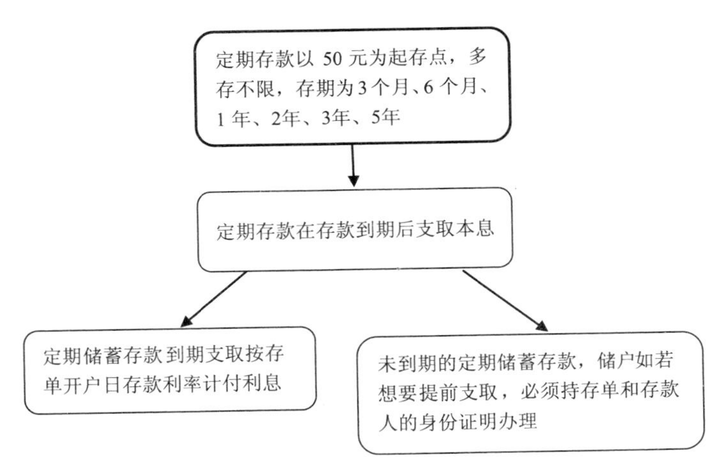

如果是由代支取人代储户支取，则代支取人必须持有相关的身份证明，其利率按支取日挂牌公告的活期储蓄存款利率计付利息，取款人需要在支付的凭单上签具支取人姓名。

定期存款不仅仅是将一笔钱放入银行便高枕无忧这么简单，而是囊括了多种存储方式。定期存款有：整存整取、存本取息、零存整取、整存零取四种方式，这四种方式的利息有很大的差异。下表以中国工商银行为例，说明四种定期存款的利息对比。

定期存款利息对比表

存期	整存整取	零存整取、整存零取、存本取息
三个月	1.35	没有三个月存期
半年	1.55	没有半年的存期
一年	1.75	1.35
二年	2.25	没有两年的存期
三年	2.75	1.55
五年	2.75	1.55

这四种定期存款方式各有优劣，下面详细讲解这四种定期存款的优劣。

1.3.1 整存整取

整存整取是指开户时约定存期，整笔存入，到期一次性整笔支取本息的一种个人存款。

整存整取人民币 50 元起存，外币整存整取存款起存金额为等值人民币 100 元的外币。另外，存款人提前支取时必须提供身份证件，代他人支取的不仅要提供存款人的身份证件，还要提供代取人的身份证件。

整存整取的存款方式只能进行一次部分提前支取，计息按存入时的约定利率计算，利随本清。整存整取存款可以在到期日自动转存，也可到期办理约定转存。

整存整取方式一览表

项目	内容描述
起存点	人民币 50 元起存，外币为等值 100 元人民币的外币
提前支取	整存整取的存款方式只能进行一次部分提前支取，计息按存入时的约定利率计算，利随本清
人民币存期	人民币存期分为 3 个月、6 个月、1 年、2 年、3 年、5 年六个档次
外币存期	外币存期分为 1 个月、3 个月、6 个月、1 年、2 年五个档次

1.3.2　存本取息

存本取息是指在存款开户时约定存期、整笔一次存入，按固定期限分次支取利息，到期一次性支取本金的一种个人存款。一般情况下是 5000 元起存。

这种存款方式可一个月或几个月取息一次，存款人可以在开户时约定的支取限额内多次支取任意金额。

存本取息的方式中，利息按存款开户日挂牌存本取息利率计算，到期未支取部分或提前支取按支取日挂牌的活期利率计算利息。

存本取息方式一览表

项目	内容描述
起存点	存本取息的起存金额为 5000 元，其开户和支取手续与活期储蓄相同
提前支取	存本取息方式中利息按照存款开户取息利息计算，可以在约定支取限额内多次取息
人民币存期	存本取息方式的存期分为 1 年、3 年、5 年

存本取息存款方式其开户和支取手续与活期储蓄相同，提前支取时与定期整存整取的手续相同。

1.3.3 零存整取

零存整取是指开户时约定存期，分次每月固定存款金额，到期一次性支取本息的一种个人存款方式。

这种存款方式与开户手续与活期储蓄相同，只是每月要按开户时约定的金额进行续存。储户提前支取时的手续比照整存整取定期储蓄存款有关手续办理。一般情况下，零存整取 5 元起存，每月存入一次，中途如有漏存，应在次月补齐，计息按实存金额和实际存期计算。

零存整取的存期分为 1 年、3 年、5 年。利息按存款开户日挂牌零存整取利率计算，到期未支取部分或提前支取按支取日挂牌的活期利率计算利息。

零存整取方式一览表

项目	内容描述
起存点	零存整取 5 元起存，每月存入一次，开户手续与活期储蓄相同
提前支取	零存整取每月要按开户时约定的金额进行续存，中途如有漏存，应在次月补齐
人民币存期	零存整取的存期分为 1 年、3 年、5 年

零存整取适用各类储户参加储蓄，尤其适用于低收入者生活节余积累成整的需要。存款开户金额由储户自定，每月存入一次，中途如有漏存，可于次月补存，但次月未补存者则视同违约，到期支取时对违约之前的本金部分按实存金额和实际存期计算利息；违约之后存入的本金部分，按实际存期和活期利率计算利息。

1.3.4 整存零取

整存零取是指在存款开户时约定存款期限，本金一次存入，固定期限分次支取本金的一种个人存款。

整存零取方式一览表

项目	内容描述
起存点	整存零取为 1000 元起存，开户手续与活期存款相同
存期与支取	整存零取开户时约定存款期限，在固定期限内分次支取本金
支取期	整存零取的支取期分 1 个月、3 个月及半年一次，可由存款人与营业网点商定

整存零取中，利息按存款开户日挂牌整存零取利率计算，于期满结清时支取。到期未支取部分或提前支取按支取日挂牌的活期利率计算利息，存期分 1 年、3 年、5 年。

1.4 简单易行的储蓄理财技巧

我听到最多的诉苦就是：存钱真难。每个人都有一笔月光账，比如，“我每月工资 4000 元，扣除租房钱、再扣除吃穿行等日常开销，所剩无几，根本没有余钱存钱。”

月薪低的人存不了钱，月薪高的人也无余钱存钱。比如，我的闺密在一家上市企业担任高管，年薪 30 万元，这么高的的年薪不但没有存款而且信用卡还常常被刷爆。她也有一笔月光账：“我每个月扣除房贷 10000 元，扣除衣服化妆品等消费 3000 元，扣除车的油钱、停车费等 2000 元，扣除吃喝玩乐等 3000 元，扣除孩子托费 3000 元，每个月还剩 9000 元，可是有时节假日出去旅行一次就把每月剩余的钱都花光了。”

存钱为什么这么难？是因为大部分人对存钱的认知存在误区，找我诉苦的人对存款的认知基于以下这个公式：

工资 − 消费 = 存钱

以这种方式存钱，很难。如果把存钱的公式重新做一个调整，存钱就不再是一件艰难的事了。我们可以这么定义存款：

工资 − 存钱 = 消费

这个公式意味着每个月先把一笔固定的钱存入银行，剩下的钱再去消费，以这种方式存钱大部分人都会在年底时收获一笔数额不菲的存款。

在这里我总结了两种简单易行的储蓄的方法：

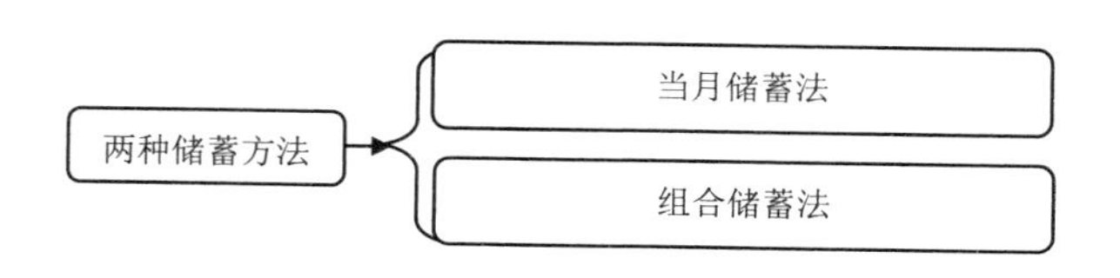

1.4.1　当月储蓄法

根据存钱公式：工资 – 存钱 = 消费，很容易理解当月储蓄法的精妙，当月储蓄法其实就是在践行这个存钱公式。

当月储蓄法即在每月发薪日即扣除一笔钱作为存款，每笔钱的存款期限相同，一年下来就会有 12 张一年期的存单。这样，从第二年起，每月都会有一张存单到期，有资金需要即可支取，不需要资金银行可以办理自动续存。

当月储蓄法的具体操作流程为：每月固定拿出 1000 元储蓄，每月开一张一年期存单。当存足一年后，手中便会有 12 张存单，而这时第一张存单到期。把第一张存单的利息和本金取出，与第二年第一个月要存的 1000 元相加，再存成一年期定期存单。以此类推，手中便时时会有 12 张存单。一旦需要用钱，只要支取近期所存的存单即可。

运用当月储蓄法的益处在于，在办理定存时，每张存单都开通自动转存业务，就可免去存单到期后每月跑银行的麻烦，适用于每月有固定金额节余而又无暇理财的工薪族。

1.4.2　组合储蓄法

组合储蓄法又称“利滚利”储蓄法，这也是我向小侄女推荐使用的储蓄方式。这种组合形式的储蓄方法是将一笔存款的利息取出来，以“零存整取”的方式储蓄，让利息“生”利息，是“存本取息”方式与“零存整取”方式相结合的一种储蓄方法。

年底时，小侄女收到了 3 万元的年终奖，我建议把这 3 万元存成存本取息储蓄。一个月后，取出存本取息储蓄的第一个月利息，再用这第一个月利息开个零存整取储蓄账户。以后每月把利息取出后，都存到这个零存整取储蓄账户上。这样不仅得到了利息，而且又通过零存争取储蓄使利息又生利息。

小侄女按照组合理财的方式进行储蓄，不仅将 3 万元合理利用了起来，还解决了每月的生活问题。

组合储蓄法运用的最大益处在于，这种储蓄法在保证本金产生利息外，又能让利息再产生利息，让储户的每一分钱都充分滚动起来，使其收益达到最大化。只要长期坚持，就能带来较为丰厚的回报。

小侄女通过这种储蓄方法，定期对自己的工资进行了存储，并且有了储蓄的概念之后，她也不再像以前一样乱花钱了，还养成了记账的好习惯，一年之后，她不仅能够自己支付一切生活所需费用，还攒下了不小一笔钱，到外地旅游了一圈。

更新储蓄新理念，掌握简单易行理财技法。

1.5 “准储蓄”——货币基金

储蓄并非只有银行存款这一种模式，货币基金也是一种储蓄模式，可以和银行存款搭配使用。

什么是货币基金呢？货币基金是一种开放式基金，由基金管理人运作，主要投资于短期货币工具，如国债、央行票据、商业票据、银行定期存单、政府短期债券、企业债券、同业存款等短期有价证券。这些有价证券都是一些高安全系数和稳定收益的品种，货币基金不会出现亏损本金的风险，因此货币基金被称为准储蓄。

货币基金相对于银行存款而言，具有非常大的优势，既有活期存款的灵活性，又有高于一年定期存款的收益率。

下图以中国工商银行定期存款和余额宝的收益做对比，说明货币基金的收益情况，这里提醒投资者：余额宝本质上也是一种货币基金，因为与支付宝绑定，极大地方便了人们买入卖出与消费。下一节会详细讲解余额宝，这里略过不表。

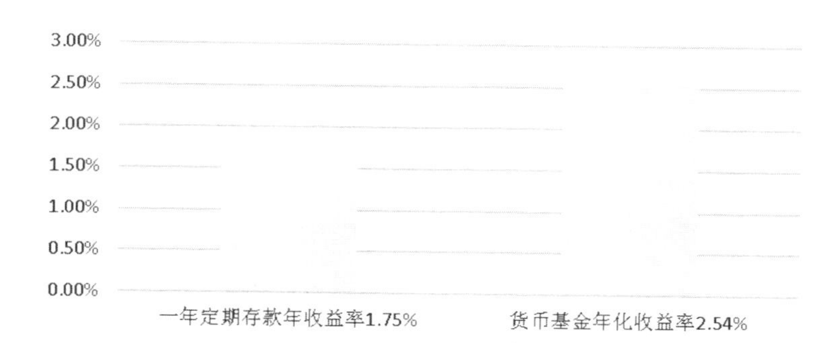

1.5.1 货币基金的优势

每当我向老年人推荐货币基金时，他们都不为所动，表现漠然，他们认为银行储蓄方便安全，尝试新的理财方式既不安全又很吃力。虽然这些年我一直在做理财教育工作，却从来没有说动过我母亲，她的存款一直老老实实地趴在存折上，这二十多年来，物价已然翻了几番，她的存款连本带息算起来明显输给了通货膨胀率，这着实令我惋惜和遗憾。

而每当我向年轻人推荐货币基金时，他们都表现出了极大的热情，比如我建议小侄女每个月定投货币基金，她对货币基金这种“准储蓄”就产生了极大的兴趣，并开始积极行动起来。对于积极进取的年轻人而言，货币基金可以替代银行存款。

我总结货币基金具有以下几大优势：

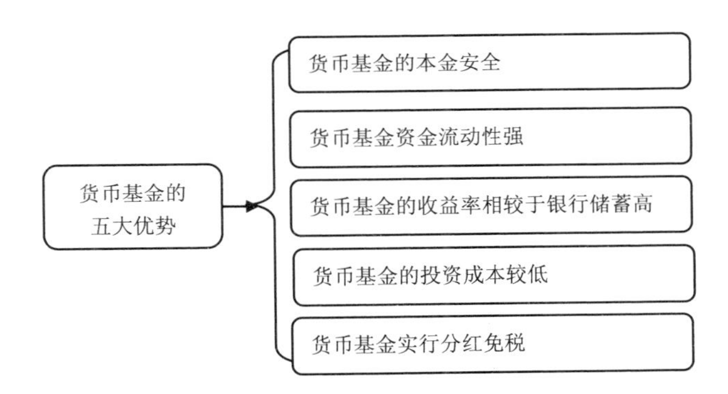

第一，货币基金中的本金安全。货币基金主要投资一些高安全系数和稳定收益的品种，这决定它在开放式基金中投资风险是最低的。虽然货币基金合约中会提示有亏损本金的风险并且不保证本金的安全，但事实上货币基金性质决定了货币基金在现实中极少发生本金的亏损。

第二，货币基金中资金流动性可与活期存款媲美。基金买卖方便，资金到账时间短，流动性很高，一般基金赎回一两天资金就可以到帐。目前已有基金公司开通货币基金即时赎回业务，当日可到账。

例如，余额宝与支付宝绑定，快速转出到账时间为 2 个小时之内，普通转出到账 T+1 日到账。下一节将详细讲解余额宝这只特殊的货币基金。

微信理财通里提供货币基金，如汇添富全额宝、嘉实现金添利等，快速转出 5 分钟内到账，普通转出 T+1 日到账。

货币基金非常灵活的买入与卖出，在大部分时候可以视为活期存款的替代产品。

第三，货币基金的收益率较高，前面已经介绍了，货币基金的收益率高于一年定期存款的收益率。不仅如此，货币市场基金还可以避免隐性损失，当出现通货膨胀时，储蓄实际利率可能很低甚至为负值，而货币市场基金可以及时把握利率变化及通胀趋势，获取稳定的较高收益。

第四，货币基金的投资成本较低。买卖货币市场基金一般都免收手续费，认购费、申购费、赎回费都为 0，资金进出非常方便，既降低了投资成本，又保证了流动性。

第五，货币基金的投资实行分红免税。货币基金收益天天计算，每日都有利息收入，投资者享受的是复利，而银行存款只是单利。货币基金每月分红结转为基金份额，分红免收所得税。

除了以上五点优势以外，一般货币基金还可以与该基金管理公司旗下的其他开放式基金进行转换，高效灵活、成本低。股市好的时候货币基金可以转成股票型基金，债市好的时候货币基金可以转成债券型基金；当股市、债市都没有很好机会的时候，货币市场基金则是资金良好的避风港，投资者可以及时把握股市、债市和货币市场的各种机会。在第 4 章中，将详细讲解基金的投资攻略。

1.5.2 货币基金投资技巧

如果说储蓄为我们开启了理财之路，那么货币基金就可以帮我们建立投资习惯。货币基金安全灵活，理财新人可以用货币基金来练手，学习理财的入门知识以及练习理财的基本操作动作：选择高收益率理财产品买入、持有、合适时机卖出。

买入货币基金，首先要考虑的就是货币基金的收益率问题。

货币基金的收益率有两个参考指标："每万份收益"和"七日年化收益率"两种。

"每万份收益"的意思就是每 1 万份货币基金份额当天可以获得的一定数额收益；"七日年化收益率"是指平均收益折算成 1 年的收益率。

我比较倾向于考察“七日年化收益率”，它是考察一个货币基金长期收益能力的参数，“七日年化收益率”较高的货币基金，获利能力也相对较高。

我经常通过和讯网提供的理财产品数据，来筛选货币基金。下图是我从和讯网截取的基金收益排行列表，这是 2018 年近一年收益率排名前五的货币基金。

序号	代码	基金名称	类型	单位净值	累积净值	日增长率	今年来涨幅	风险等级
1	690212	民生加银家盈7天B	货币型	0.8798	3.39%	--	3.89%	低
2	660116	农银7天B	货币型	0.8888	3.30%	--	3.68%	低
3	004972	长城收益宝货币A	货币型	0.8494	3.21%	--	3.74%	低
4	004973	长城收益宝货币B	货币型	0.9152	3.46%	--	3.96%	低
5	360022	光大添盛B	货币型	0.0000	0.00%	--	4.26%	中低

微信理财通里提供了十几只货币基金，虽然收益率适中，但是通过微信通投资货币基金非常方便快捷，适合初入门的理财新人和电脑操作不熟练的老年人。

除了收益率，选择货币基金还有一个重要问题需要注意：应优先考虑老基金，因为经过一段时间的运作，老基金的业绩已经明朗化了，而新发行的货币基金能否取得良好的业绩却需要时间来验证。

货币基金作为储蓄的替代产品，可以用来打理活期资金、短期资金或一时难以确定用途的临时资金；对于 1 年以上的中长期不动资金，则应选择国债、债券型基金、股票型基金等收益更高的理财产品，更大化地进行滚雪球式理财，让本金产生更多的收益。在后面几章我会详细讲解国债、基金等投资原理和投资方法，帮助你从理财新人过渡到初级理财者。

> 货币基金可以非常灵活地买入与卖出，在大部分时候可以视为活期存款的替代产品。

1.6 随时随地储蓄——余额宝

随着互联网金融的不断发展，原来只有到银行才能进行存款的方式已经一去不复返了，余额宝的出现在很大程度上改变了人们线下购买货币基金进行储蓄的理财方式，越来越多的人开始选择通过余额宝进行储蓄理财。

我也不例外，在余额宝出现后，我将所有的闲置资金放入余额宝中进行了理财管理，余额宝在很大程度上取代了我的常用银行卡，以至于在很长一段时间内，我的银行卡莫名丢失，当我需要使用现金支付时，才发现银行卡不知所踪。

1.6.1　何为余额宝

余额宝于 2013 年 6 月推出，是蚂蚁金服旗下的余额增值服务和活期资金管理服务产品，基金管理人是天弘基金。

打着“1 元起购，定期也能理财”的口号，2013 年余额宝的横空出世，被普遍认为开创了国人互联网理财元年，同时余额宝被视为普惠金融最典型的代表。目前，余额宝是中国规模最大的货币基金。

余额宝对接的是天弘基金旗下的余额宝货币基金，特点是操作简便、低门槛、零手续费、可随取随用。除理财功能外，余额宝还可直接用于购物、转账、缴费还款等消费支付，是移动互联网时代的现金管理工具。

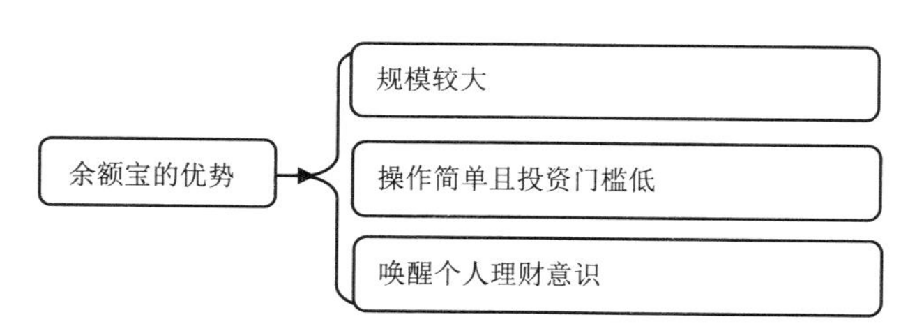

余额宝的出现极大地降低了理财门槛，更唤醒了公众的理财意识，不仅让数以千万从来没接触过理财的人萌发了理财意识，同时激活了金融行业的技术与创新，并推动了市场利率化的进程。

2018 年 5 月 3 日，余额宝新接入博时、中欧基金公司旗下的“博时现金收益货币 A”“中欧滚钱宝货币 A”两只货币基金产品。

1.6.2　余额宝的优势

余额宝最大的优势在于，它将消费与理财无缝连接，余额宝里的钱能够直接用于消费。当用户向余额宝转入资金时，不仅能够获得一定的收益，同时跟支付宝连接的余额宝可以实现随时消费支付。它还不断进入各种消费场景，为消费者提供消费理财两不误的功能。

例如，2015 年淘宝联合方兴地产联合上线了余额宝购房项目，在北京、上海、南京等全国十大城市，放出了 1132 套房源支持余额宝购房：买房者通过淘宝网支付首付后，首付款将被冻结在余额宝中。在正式交房前或者首付后的 3 个月，首付款产生的余额宝收益仍然归买房人所有。这意味着，先交房再付款，首付款也能赚收益了。

余额宝的钱能直接用于消费，是余额宝与其他货币基金最大的不同之处。除此之外，余额宝和其他货币基金的功能一样，闲钱转入余额宝能产生收益，与银行存款的方式相比，支付宝的存款收益更高，过程也更为便捷。

还记得吗？前面我们比较了余额宝和一年期银行存款的收益率差别，现在把二者的收益率以图示形式再加以比较，你可以更直观地感受一下余额宝的收益水平。

在货币基金这个大家庭里，余额宝的收益率居于一个什么水平呢？属于中下等水平。在上一节中我们筛选出来 5 只高收益率货币基金，下面将其中长城收益宝货币 A 和余额宝的收益率做了一个对比图，你可以直观地看到余额宝的收益率水平。

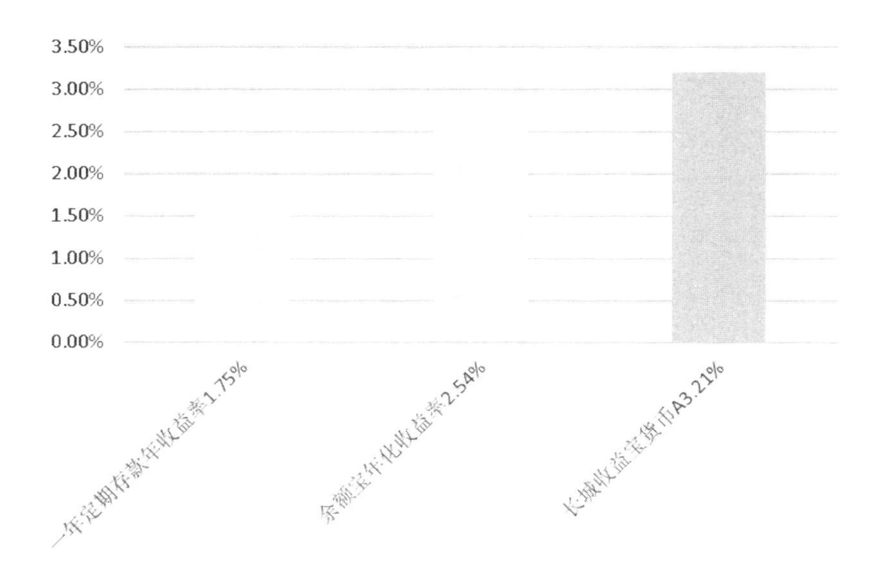

理财新人可以把余额宝作为入门工具，由余额宝开始入手学习货币基金的投资攻略。

最后总结一下，银行储蓄、货币基金、余额宝是储蓄的“三剑客”，三者各有优劣，在进行储蓄理财时，千万不要局限于某一个产品上，理财时要互为补充使用。

中长期理财可以选择银行三年定期储蓄和银行五年定期储蓄，一年以内的短期理财可以选择余额宝和货币基金，日常使用的闲置现金可以存入余额宝或者活期储蓄。我在余额宝和货币基金之间资金的分配比例为 2 ∶ 8，即 20% 的资金放入余额宝，便于平时的消费和取现，80% 的资金放入收益率更高的货币基金中，让资金产生更大的收益。

余额宝实现消费与理财的无缝衔接，是随时储蓄的“移动银行”。

第 2 章

投资前，先了解繁杂的理财工具

新手投资者在进入投资理财的市场时，面对复杂多样的理财工具，往往茫然不知所措，其中不乏激进的投资者会被利益冲昏头脑，选择超高收益率但不合法的理财工具，造成本金全额亏损。本章将会对主流理财工具进行概括性的讲解。

本章主要内容包括：

➢ 投资市场中的理财工具

➢ 保本理财工具

➢ 低风险理财工具

➢ 高风险理财工具

2.1 投资市场中的理财工具

还记得吗？我在引言中提到滚雪球理财中理财工具是尤为重要的元素，也是核心元素，理财工具选择不当，小雪球不但不会滚动为大雪球，甚至会破裂。

理财工具是指股票、期货、黄金、外汇、保单等在金融市场可以买卖的产品，也叫金融产品、金融资产、有价证券。同时，它们拥有不同的功能，能达到不同的目的，如融资、避险等。

用更为专业的术语解释，理财工具是指发行者向投资者筹措资金时，依一定格式做成的书面文件，上面确定债务人的义务和债务人的权利，是具有法律效力的契约，其最基本的要素为支付的金额与支付条件。

如果说理财是通过一系列有目的、有意识的规划来进行财务管理、累积财富、保障财富，使个人和家庭的资产取得最大效益，达成人生不同阶段的生活目标，那么理财工具就是实现目标的得力助手。

选择合法合规的理财工具，是滚雪球理财的前提条件，只有选择了合法合规的理财工具，才有可能开启理财之路，让财富如雪球般越滚越大。然而不幸的是，现在市面上充斥着大量不合法不合规的理财工具。

我小侄女刚刚接触理财时，选择的是 e 租宝和 3M 金融互助，她选择这两个理财工具的理由令人哭笑不得，选择 e 租宝是因为上下班路上看见了 e 租宝的广告，觉得收益率很高就投资了；选择 3M 金融互助是因为同事推荐介绍的，她信任同事所以就投资了。很不幸，e 租宝和 3M 金融互助都是非法的理财工具，e 租宝属于集资诈骗，3M 金融互助彻头彻尾就是个骗局，投资非法理财工具，正印证了网络流行的那句话：你看中的是高利息，骗子看中的是你的本金。

和我的小侄女一样，很多新手投资者在进入投资理财的市场时，面对复杂多样的理财工具，往往茫然不知所措，其中不乏激进的投资者会被利益冲昏头脑，选择超高收益率但不合法的理财工具，造成本金全额亏损。

例如，e 租宝号称“中国规模最大庞氏骗局案”，涉及总金额 762 亿元，累计受害投资人超过近 100 万人，遍布全国 31 个省市区。

e 租宝还在全国各地设立了大量的关联公司、分公司和子公司，对基层群众展开大面积的深度营销，并为投资小白提供各种“贴心”的生活服务。

e 租宝在案发前吸引了无数人参与理财，它主要运用了合法合规的金融手段包装自己，例如低门槛“一元起投”，承诺高达 14.6% 的年化收益率，销售人员打着国家“普惠金融”旗号推销，由专业的理财师讲理财课，在中央电视台、北京卫视等媒体投放广告，从公交到地铁，从电视到网络，e 租宝广告随处可见。

依靠这些手段，“e 租宝”上线仅仅五百天，就非法吸引社会资金高达 762 亿元，吸引投资用户接近 100 万人。

高息引诱、保本保息、灵活支取等虚假承诺，很容易让不了解理财工具的普通人信以为真。投资者在投资 e 租宝时，只看到高收益、灵活的支取方式，然而 e 租宝到底是什么，没有几个人搞得清楚。

e 租宝经终审判决后，罚款金额超 20 亿元，111 人入狱，e 租宝的资产只剩下约 150 亿元，而按照法律清算完毕后，真正能退还给投资者的金额大约只有 120 亿元，还款覆盖率在 20% ~ 25%。换句话说，如果投资者投入了 100 元，最多只能拿回 25 元。我小侄女投资了 10000 元，最终可能拿回 2500 元。这是她在理财路上交的第一笔高昂的学费。

可以说，在进入投资市场时，了解合法合规的理财工具是首要的功课，选择合法合规的理财工具是启动滚雪球理财的基本前提。

> 选择合法合规的理财工具，是滚雪球理财的前提条件，只有选择了合法合规的理财工具，才有可能开启理财之路。

2.2 保本理财工具

还记得吗？在引言中，我总结列举了 14 种合法合规的理财工具，具体见下表：

理财工具一览表

理财工具	风险程度
储蓄	偏低
保险	偏低
债券	低
银行理财产品	低
债券	低
基金	低
黄金	低
股票	高
P2P 理财	高
外汇	偏高
权证	偏高
期货	偏高
股指期货	偏高
现货黄金	偏高

在这 14 种理财工具中，有 7 种保本型理财工具，具体见下表。第 1 章已经详细讲解了储蓄、货币基金、余额宝，第 3 章会详细介绍另外四种保本理财工具。保本理财工具能帮助理财新手构建基本的理财知识，引导理财新人进入理财世界，同时建立基本的交易心智。

保本型理财工具一览表

理财工具	投资门槛
储蓄	无
余额宝	无
货币基金	偏低

续表

理财工具	投资门槛
保本型基金	偏低
保本型结构性存款	偏低
国债	偏低
分红型保险	偏低

保本理财又被称为保本投资，保本投资有两层含义，第一层，追求本金的安全；第二层，追求本金的安全之余还要求能获取无风险收益。如果忽略通货膨胀和机会成本，保本理财工具的投资风险在理论上可以视为零。

从理财的角度而言，银行存款利率、国债票面利率都可称为名义利率，名义利率减通胀膨胀率才等于实际利率。在进行保本理财前，首先要明确一点：投资收益率与通货膨胀基本持平，也就是能保证投资者的货币购买力不下降，才称为真正的保本。投资者在选择保本理财的产品时，要尽量选择收益率高的理财产品，以规避通货膨胀所带来的投资风险。

如果忽略通货膨胀和机会成本，投资风险在理论上可以视为零。

2.3 低风险理财工具

投资确实可以起到让财富倍增的功能，但是没有绝对安全的投资，凡是投资都必然有风险，投资风险和投资收益永远如影随形，像一对形影不离的孪生兄弟。投资风险是每个投资者都无法回避的问题。

在本章中，我把有风险的理财工具按照风险程度分为低风险理财工具和高风险理财工具。在前面总结列举的 14 种理财工具中，基金和债券属于低风险理财工具，收益适中，适合理财新人、老年人和风险厌恶者。

2.3.1 基金投资

基金投资是一种间接的证券投资方式。基金管理公司通过发行基金份额，集中投资者的资金，由基金托管人（即具有资格的银行）托管，由基金管理人管理和运用资金，从事股票、债券等金融工具投资，然后共担投资风险、分享收益。

通俗地说，证券投资基金是通过汇集众多投资者的资金，交给银行保管，由基金管理公司负责投资股票和债券等证券，以实现保值增值目的的一种理财工具。

按照不同标准，可以将基金划分为不同的种类。

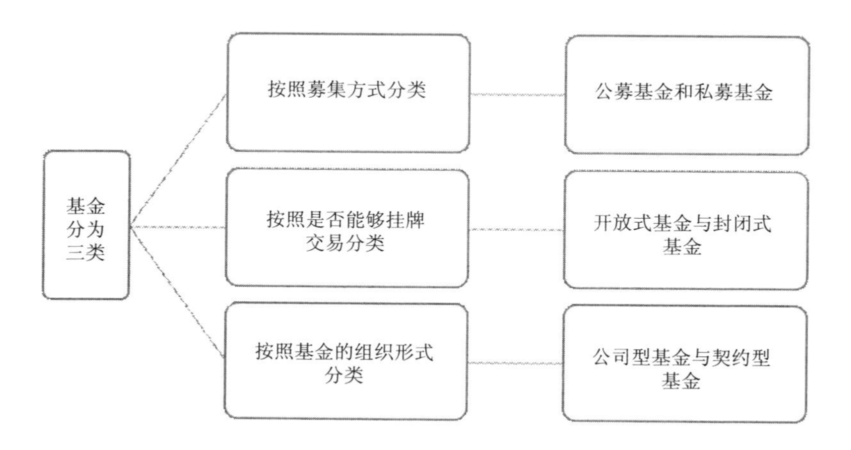

1. 公募基金与私募基金

按照投资基金的募集方式不同，可将证券投资基金分为公募基金和私募基金。

公募基金是指以公开发行方式向社会公众投资者募集基金资金。公募基金具有公开性、可变现性、高规范性等特点。

私募基金则是指以非公开方式向特定投资者募集基金资金。私募基金具有非公开性、募集性、大额投资性、封闭性和非上市性等特点。

2. 开放式基金和封闭式基金

按照投资基金是否能够在证券交易所挂牌交易，可将证券投资基金分为开放式基金和封闭式基金。

封闭式基金是指基金份额在证券交易所挂牌交易的证券投资基金，投资者可以随时买入卖出基金。封闭式基金和股票的交易原理是一样的，投资者通过低买高卖从中获得收益。

开放式基金则是指基金份额不能在证券交易所挂牌交易的基金，包括可变现基金和不可流通基金两种。可变现基金是指基金虽不在证券交易所挂牌交易，但可通过“赎回”来收回投资的资金。而不可流通基金，是指基金既不能在证券交易所公开交易，又不能通过“赎回”来收回投资的资金。

3. 公司型基金与契约型基金

按照投资基金组织形式的不同，可将基金分为公司型基金和契约型基金。

公司型基金，在组织上是指按照公司法（或商法）规定所设立的、具有法人资格并以营利为目的的基金公司（或类似法人机构）；在证券上是指由基金公司发行的基金证券。

契约型基金，在组织上是指按照信托契约原则，通过发行带有受益凭证性质的基金而形成的基金组织；在证券上是指由基金管理公司作为基金发起人所发行的基金证券。

2.3.2 债券投资

债券是一种金融契约，是政府、金融机构、工商企业等向投资者发行，同时承诺按一定利率支付利息并按约定条件偿还本金的债权债务凭证。从本质上来说，债券是债务的证明书，具有法律效力。债券购买者或投资者与发行者之间是一种债权债务关系，债券的发行人即债务人，债券的投资者即债权人。

按照不同的方式，可将债券分为不同的类别。

（1）按照债券的发行主体划分，可将债券分为政府债券、金融债券、企业债券。

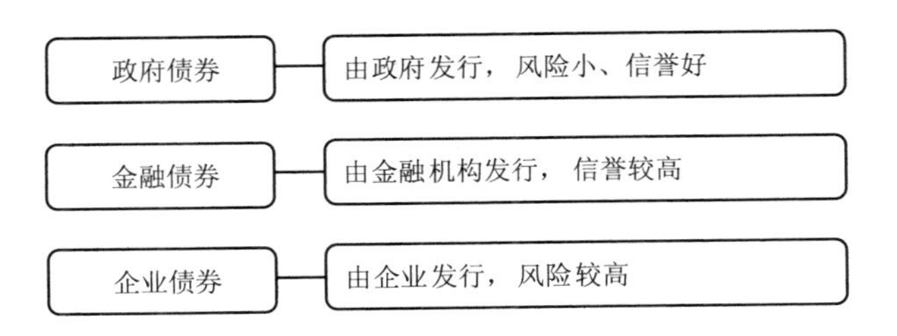

政府债券是政府为筹集资金而发行的债券。政府债券主要包括国债、地方政府债券等，其中占据主要市场的是国债。国债因信誉好、利率优、风险小而又被广大投资者称为“金边债券”。

金融债券是由银行和非银行金融机构发行的债券。在我国，金融债券主要由国家开发银行、进出口银行等政策性银行发行。金融机构一般有雄厚的资金实力，并且金融机构的信用程度较高，因此金融债券往往有良好的信誉。

企业债券是按照《企业债券管理条例》规定发行与交易、由国家发展和改革委员会监督管理的债券。在实际中，企业债券的发债主体为中央政府部门所属机构、国有独资企业或国有控股企业。

（2）按照财产担保划分，可将债券分为抵押债券和信用债券两类。

抵押债券是以企业财产作为担保的债券，按抵押品的不同，抵押债券又可以分为一般抵押债券、不动产抵押债券、动产抵押债券和证券信托抵押债券。

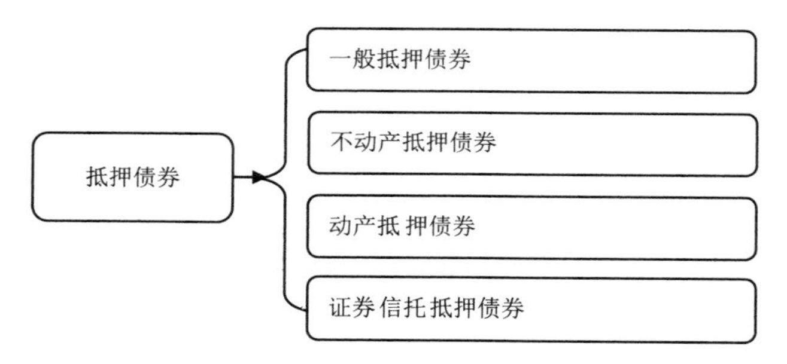

一旦债券发行人违约，信托人就可将其担保品变卖处置，这是抵押债券确保债权人优先求偿权的手段。

信用债券则是不以任何公司财产作为担保，完全凭信用发行的债券。这种债券由于其发行人的绝对信用而具有坚实的可靠性。与抵押债券相比，信用债券的持有人所承担的风险较大，因而投资此类债券的投资人往往要求较高的利率。为了保护投资人的利益，发行信用债券的政府或者企业受到的限制较多。

除此以外，在抵押债券和信用债券契约中都要加入保护性条款以保护债权人的利益，如不能将资产抵押其他债权人、不能兼并其他企业、未经债权人同意不能出售资产、不能发行其他长期债券等。

（3）按照发行形态分类，可将债券分为实物债券和记账式债券两种。

实物债券是一种具有标准格式实物券面的债券。在实物债券的券面上，一般印制了债券面额、债券利率、债券期限、债券发行人全称、还本付息方式等各种债券票面要素。

实物债券实行不记名、不挂失的原则，可以在市面上流通。但是由于实物债券的发行成本较高，因此将会被逐步取消。

记帐式债券是指没有实物形态的票券，这种债券以电脑记帐方式记录债权，通过证券交易所的交易系统发行和交易。如果投资者进行记账式债券的买卖，就必须在证券交易所设立账户。

记账式债券购买后可以随时在证券市场上转让，流动性较强。在记账式债券转让的过程中，除了可以获得应得的市场利息以外，还能够获得一定的差价收益。

记账式债券一般有付息债券与零息债券两种。付息债券按票面发行，每年付息一次或多次，零息债券折价发行，到期按票面金额兑付。

由于记帐式债券发行和交易均无纸化，因此具有交易效率高且成本低的特点，是未来债券发展的趋势。

> 基金和债券属于低风险理财工具，收益适中，适合理财新人、老年人和风险厌恶者。

2.4 高风险理财工具

在我总结列举的 14 种理财工具中，股票、外汇、期货、现货黄金属于高风险理财工具，收益高风险也高；外汇、期货、现货黄金属于杠杆型理财工具，可以实现超额收益，然而也可导致超额亏损。

还记得吗？在引言中给出了一个学习理财的路径，如下图所示：

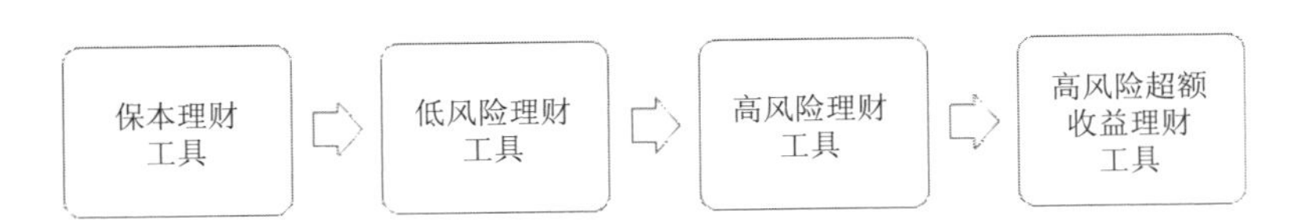

然而，我发现大部分人略过入门级的理财工具直接从股票开始投资，更有部分人听说期货收益高，直接从期货入手投资。期货要求投资者有较高的风险承受能力和投资经验，没有进阶式的理财学习与实践，就无法构建稳健的交易心智，理财的结果自然不够美妙。

2.4.1 股票投资

股票投资是目前普及率最高、参与人数最多的理财工具，这给大部分投资者造成了一种错觉，认为股票投资风险低，于是盲目入市，在股市行情好的时候，甚至敢大举外债投入股市中。

事实上股票属于高风险理财工具，要求投资者具有风险承受能力、丰富的知识储备和投资经验。股票不适合理财新人和老年人投资，适合有一定投资理财经验的人投资。

讲股票投资前先讲讲什么是股票。股票是股份公司发行的所有权凭证，是股份公司为筹集资金而发行给各个股东作为持股凭证并借以取得股息和红利的一种有价证券。每股股票都代表股东对企业拥有一个基本单位的所有权。每支股票的背后都代表着一家上市公司。

股份公司将股票发售给股东作为已投资入股的证书与索取股息的凭票，像普通的商品一样，有价格、能买卖，同时可以作为抵押品进行抵押操作。股份公司借助发行股票来筹集资金，而投资者可以通过购买股票获取一定的股息收入，以此获得利益。

股票投资是指企业或个人通过低买高卖股票获得收益的行为。股票投资的收益由收入收益和资本利得两部分构成。

收入收益是指股票投资者以股东身份，按照持股的份额，在公司盈利分配中得到的股息和红利的收益。资本利得是指投资者在股票价格的变化中所得到的收益，即将股票低价买进、高价卖出所得到的差价收益。

当前，股票投资的分析方法主要有两种：基本分析法和技术分析法。

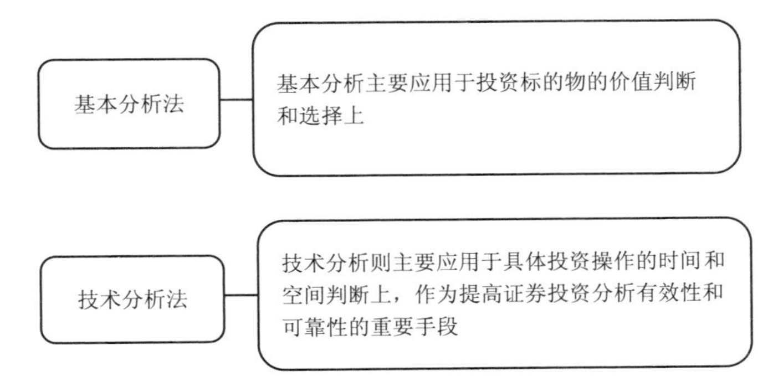

基本分析法是基于价值投资理论研究分析股票交易。基本分析法以上市公司作为主要研究对象，通过对决定企业内在价值和影响股票价格的宏观经济形势、行业发展前景、企业经营状况等进行详尽分析，以大概测算上市公司的长期投资价值和安全边际，并与当前的股票价格进行比较，形成相应的投资建议。基本分析认为股价波动不可能被准确预测，而只能在有足够安全边际的情况下买入股票并长期持有。

技术分析法以股票价格的波动作为主要研究对象，以预测股价波动趋势为主要目的，从股价变化的历史图表入手，对股票市场波动规律进行分析的方法总和。技术分析法认为市场行为包容消化一切，股价波动可以定量分析和预测，如道氏理论、波浪理论、江恩理论等。

2.4.2 外汇投资

外汇是“国际汇兑”的简称，有动态和静态两种含义。外汇的动态含义是将一国货币兑换为另一国货币，借以清偿国际间债权债务关系的一种专门的经营活动。而外汇的静态含义是指可用于国际间结算的外国货币及以外币表示的资产。

由于世界各国货币的名称不同，币值不一，所以一国货币对其他国家的货币要规定一个兑换率，即汇率。在国际外汇市场中，汇率存在着波动，当某种货币的买家多于卖家时，买方争相购买，买方力量大于卖方力量，价格必然上升。反之，当卖家竞相抛售某种货币，市场卖方力量占上风时，则汇价下跌。

汇率的波动，为外汇交易者带来了获利的机会。外汇交易者通过货币之间的汇率高低波动而获利。投资者可以先低价买入再高价卖出而获利，也可以高价卖出再低价买入而获利，也就是说外汇交易做多做空都有机会赚钱。

虽然股票对应的是上市企业的股份，外汇对应的是国家货币，但是外汇交易获利的原理和股票一样，是通过低买高卖从而赚取差价。

与股票投资相比，外汇交易具有风险大、可控性强、操作灵活、杠杆比率大、收益高的特点。

外汇和股票的差别对比表

	外汇	股票
	外汇保证金并没有指定的结算日期，采用的是 T+0 的方式，当天买入当天卖出，交易可即时完成	股票交易采用的是 T+1 的交易模式，当天买入，只能第二天才可以卖出
	全天 24 小时可以进出市场	9:30~11:30，13:00~15:00，每天 4 小时交易
差	外汇交易能做多也能做空，即投资者既可低买高卖获利，也可高卖低买获利	股票交易只能做多，即投资者只能买涨，即低买高卖获利
差别	外汇交易进行外汇买卖，国内银行可提供 10~30 倍的杠杆，国外经纪商则可提供 100~500 倍的杠杆	股票交易没有杠杆
	外汇交易没有涨跌停板，涨跌幅度无限制，通常情况下外汇市场每天的波幅是 1%，在有重要数据公布或者是重大事件发生时，波动有可能会达到 2% 以上	股票交易有涨停板的限制，涨幅每天都在 10% 以内

外汇货币交易是一对一的，投资者在“买入”一种货币的同时，也是在“卖出”另一种货币，而买、卖这些货币就是在买、卖这些货币背后的国家经济，换句话说，投资者根据国家经济的预测，决定是买入还是卖出。

汇率的波动是外汇交易中的关键要素，投资者在外汇投资时需密切关注影响汇率波动的核心要素。影响汇率波动的要素总体而言有以下五个方面：

（1）宏观经济数据，比如 GDP、就业、房地产数据，数据所反映的经济状况越好，则汇率越强；

（2）利率、通胀率 (CPI) 等，经济好的时候，利率越高，汇率越强；反之，经济差的时候，利率越低，汇率越强；

（3）一国的外贸情况，顺差将带动本币升值；

（4）一些政策因素，如国家政策、中央银行的干预等；

（5）突发事件，比如战争、恐怖袭击等，美国“911”、伦敦地铁受袭等恐怖袭击事件均导致美元、英镑的汇率急挫。

2.4.3 期货投资

相较于股票和外汇，期货的交易原理比较复杂，风险相对更高。下面我们从期货的由来入手讲解期货投资。

期货交易是从现货远期交易发展而来。最初的现货远期交易是双方口头承诺在某一时间的期货大会上交收一定数量的商品，后来随着交易范围的扩大，口头承诺逐渐被买卖契约代替。

这种契约行为日益复杂化，需要有中间人担保，以便监督买卖双方按期交货和付款，于是便出现了 1571 年伦敦开设的世界第一家商品远期合同交易所——皇家交易所。

为了适应商品经济的不断发展，1848 年，82 位商人发起组织了芝加哥期货交易所（CBOT），目的是改进运输与储存条件，为会员提供信息；1851 年芝加哥期货交易所引进远期合同；1865 年芝加哥谷物交易所推出了一种被称为“期货合约”的标准化协议，取代原先沿用的远期合同。

使用这种标准化合约，允许合约转手买卖，并逐步完善了保证金制度，于是一种专门买卖标准化合约的期货市场形成了，期货成为投资者的一种投资理财工具。1882 年，交易所允许以对冲方式免除履约责任，增加了期货交易的流动性。

期货合约是由期货交易所统一制定的，规定在将来某一特定的时间和地点交割一定数量和质量标的物的标准化合约。期货价格则是通过公开竞价达成的。

期货合约有以下四个特点：

（1）期货合约的商品品种、数量、质量、等级、交货时间、交货地点等条款都是既定的，是标准化的，唯一的变量是价格。期货合约的标准通常由期货交易所设计，经国家监管机构审批上市。

（2）期货合约是在期货交易所组织下成交的，具有法律效力，而价格又是在交易所的交易厅里通过公开竞价方式产生的；国外大多采用公开叫价方式，而我国均采用电脑交易。

（3）期货合约的履行由交易所担保，不允许私下交易。

（4）期货合约可通过交收现货或进行对冲交易来履行或解除合约义务。

期货和股票的交易原理和交易手法有很大的差别，在这里我总结列举出期货投资和股票的的主要差别，见下表。

期货与股票的差别一览表

	期货	股票
	期货则是保证金制，所谓保证金制就是指投资者只需缴纳成交额一定比例金额，比如5%~10%，就可以进行交易	股票是全额交易，就是说投资者有多少钱就只能买多少股票
	期货投资者既可以先买进也可以先卖出，也就是双向交易	股票是单向交易，投资者在交易过程中只能先买入股票，才有权卖出股票
差	期货必须到期交割，不然交易所会实行强行平仓或以实物交割	股票交易没有时间限制，就是说如果投资者被套还可以长期持仓
差别	期货投资的盈亏则在于买卖的差价	股票投资回报有两部分，一是市场差价，二是分红派息
	期货则是 T+0 交易，也就是说投资者可以当天买入当天卖出，也可以当天买入隔天卖出	股票实行的是 T+1 制度，投资者在当天买入股票只有等到第二天才可以卖出
	期货实行每日无负债结算制度，就算投资者没有平仓，盈利也会按当日结算价格划入投资者账户	股票只有在平仓后才能获取收益资金

看到这里，或许你会很好奇，为什么我反复用股票做标准和外汇、期货进行比较？这是因为，虽然股票、外汇、期货都是高风险理财工具，但是如果将这三个工具进行对比的话，股票属于风险较小的理财工具，三者的风险程度排列如下：

股票 < 外汇 < 期货

构建激进型投资组合时，在配置了股票后，可同时配置一定比例的外汇或者期货，通过外汇或者期货的杠杆交易原理，适当放大收益。同时配置外汇和期货的投资组合，属于风险极高的投资组合，一般投资者要慎重使用。关于构建投资组合的内容，会在第 6 章详细讲解，感兴趣的读者可以直接翻阅第 6 章。

在股票、外汇、期货三个理财工具中，期货的投资风险最高。但在投资市场上，部分投资者偏好杠杆交易，认为只要风险与收益成正比，就可以进行投资。在期货市场上，广大的中小投资者都在进行风险投资。

风险性投资的风险性体现在三个方面：价格波动风险、结算风险、操作风险。

价格波动风险是指，在期货交易的过程中，应用保证金杠杆效应，易诱发交易者的“以小博大”投机心理，从而加大价格的波动幅度。

结算风险是指，每日无负债结算制度，使客户在期货价格波动较大，而保证金又不能在规定时间内补足至最低限度时，面临被强制平仓的风险，由此造成的亏损全部由客户承担。

操作风险是指，投资者的非理性的投资理念和操作手法带来的风险。主要表现在：对基本面、技术面缺乏正确分析的前提下，盲目入市和逆市而为；建仓时盈利目标和止损价位不明确，从而导致在关键价位不能有效采取平仓了结的方式来确保收益或减少亏损。

2.4.4 现货黄金

除了前面介绍的外汇和期货外，杠杆理财工具里还有一个工具——现货黄金。黄金交易在中国还是一个年轻的行业，并不为人所熟知。

现货黄金又称国际现货黄金和伦敦金，是一种即期交易的方式，是在交易成交后交割或在数天内交割。现货黄金是一种国际性的投资产品，由各黄金公司建立交易平台，以杠杆比例的形式与做市商进行网上买卖交易，形成投资理财项目。

现货黄金的基础概念	现货黄金是一种即时交易的方式，由黄金公司建立交易，并且在网上买卖交易
	现货黄金单日交易量大，市场规范、法规健全

通常也称现货黄金为世界第一大股票。因为现货黄金每天交易量巨大，日交易量约为 20 万亿美元。因此没有任何财团和机构能够人为操控如此巨大的市场，完全靠市场自发调节。现货黄金市场没有庄家，不仅市场规范，而且自律性强、法规健全，对于投资者来说是一种很好的理财投资方式。

现货黄金投资具有十分明显的优势：

1. 现货黄金进行双边买卖，无论涨跌均能赚钱

现货黄金实行的是双边买卖的模式，因此只要配合一定的技术面跟基本面，获利概率远远高于 50%。对于运用现货黄金工具理财的投资人来说，无论市场处于牛市还是熊市，无论买涨还是买跌，投资者均能从中获利，这样的优势能够为投资者增加更多投资机会与回报。

2. 实行 T+0 交易模式，可 24 小时交易

现货黄金的交易模式为 T+0 模式，支持 24 小时交易，运用现货黄金进行理财的投资者可以在任意时段买进或者卖出。因此，现货黄金这种工具适合各类需要理财投资的人群。同时，现货黄金的操作手法具有多样化的特性，相对其他的交易投资方式来说更有利于降低风险，增加投资者盈利的机会。

3. 没有绝对的市场主力

现货黄金的另一大优势是该交易平台实现公开透明交易，且不同于股票交易，现货黄金的市场无绝对的主力，使得现货黄金交易更为公平公正。

现货黄金市场是全球性的投资平台，日交易量是普通股市的 600 倍之多。现货黄金投资理财工具能够做到全世界一样的投资对象，全世界一致的价格，没有任何财团或者个人能够操纵金市。

4. 品种唯一

现货黄金交易则在任意市场行情下均可获利，为投资者增加了更多投资机会与回报。与之相较的股票市场则是一个单向买方市场，在股票交易当中投资者只能买涨，一旦股价下跌则会有一大部分损失。

在操作当中，现货黄金投资市场当中的商品品种单一，因此操作简单，无须像股票交易时需要在上千支股票中选股那般费时费力。

5. 交易成本低，无税收负担

现货黄金投资交易相较于股票交易相对较高的税款和佣金，具有无须缴纳任何税费的优势。这种交易的模式极大程度地降低了投资者在市场交易中所负担的交易成本，因此现货黄金这种投资理财工具能够真正做到为投资者省钱、赚钱。

6. 保证金交易，杠杆比率，以小博大

现货黄金理财工具实行保证金交易方式，保证金交易是指投资者只需要提供一部分资金作为保证金，就可以超出自己拥有的资金力量进行大宗交易。这种交易方式大大提高了资金利用率，举一个简单的例子，在国际现货黄金保证金交易中，如果投资者以 1000 美金的资金作为保证金在平台中交付，以控制 100 万美金的资金力量完成黄金交易，则在普通情况下，保证金可以视作押金，也就是说在现货黄金交易当中只需要先付一定的押金，就可以拥有商品的交易权。

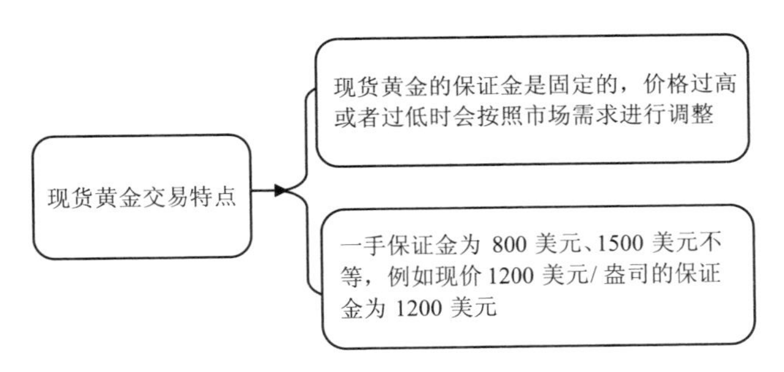

而交易中押金的占有比例运用的则是杠杆比例，即投资者个人缴纳一定数额的保证金之后，在投资市场中进行交易的金额可以根据杠杆原理放大若干倍来进行交易。

根据前文中对于现货黄金的特征讲解，能够得知黄金市场的波动性比股票或期货市场的波动性要小很多，这种特征使得投资者可以通过运用杠杆比率来量身打造可接收的风险程度。杠杆的作用是允许投资者用借贷的资金参与交易，大部分现货黄金经纪商都提供 1 ： 100 或以上的杠杆比率给投资者，这种杠杆比率使得小额投资者也可以参与到现货黄金交易当中，这种方式就是在投资理财中常说的以小博大功能。

2.4.5 互联网金融之 P2P 投资

这些年互联网金融兴起，P2P 投资成为年轻群体所熟知的理财模式。

P2P 是英文 person-to-person 的缩写，意即个人对个人，又称点对点网络借款。P2P 最初的模型是一种将小额资金聚集起来借贷给有资金需求人群的一种民间小额借贷模式。

P2P 借贷模式的社会价值主要体现在满足个人资金需求、发展个人信用体系和提高社会闲散资金利用率三个方面。

随着互联网与 P2P 的结合， P2P 逐渐演变为网站作为交易的中介平台，把借款和贷款的双方对接起来，以此实现各自的借贷需求和投资需求。

当前我们最常见到的 P2P 平台的模式为，借款人在平台发放借款标，投资者通过竞标向借款人放贷，由借贷双方在交易平台中自由竞价，交易过程经由平台撮合成交。在借贷过程中，借款人和贷款人双方的资料与资金、合同、手续等全部通过网络实现，使得借贷双方实现全网络交易，减少了现实交易中可能会遇到的多重风险。

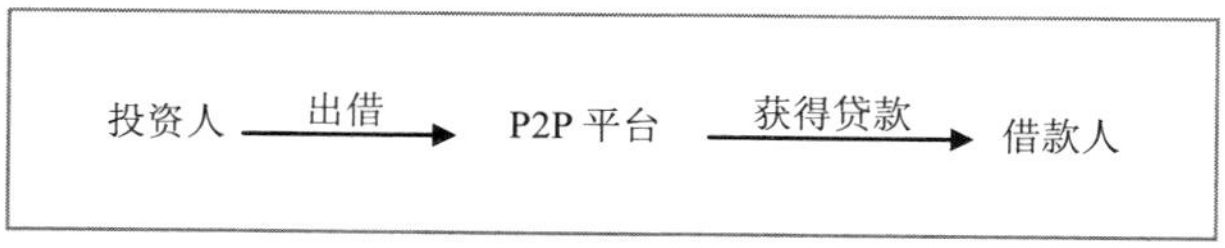

投资人 —出借→ P2P 平台 —获得贷款→ 借款人

P2P 借贷模式是随着互联网的兴起和小额借贷的巨大需求而发展起来的一种新的金融模式，我认为 P2P 是未来金融服务的发展趋势。目前 P2P 在国内的运作并不规范，各类平台良莠不齐，平台爆雷跑路事件时有发生，普通投资者根本没有能力筛选优质平台，从这个角度而言 P2P 投资存在着较高的风险。

我建议普通投资者慎重投资 P2P，但是作为一种新兴的理财模式，投资者有必要去了解它、学习它，待 P2P 的监管成熟、平台运营规范化以后，再尝试入手投资。

P2P 借贷模式根据平台创建主体分为四大种类。

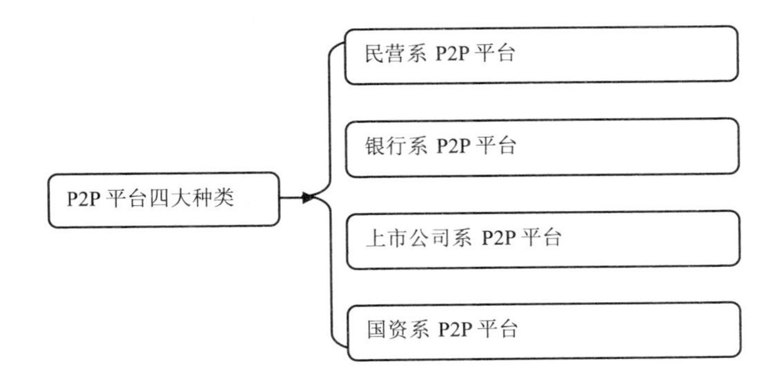

1. 民营系 P2P 平台

在上图列举的四种P2P平台中，我先讲讲民营系平台，这类平台数量最多，同时起步相较其他平台最早，在互联网世界中高频率地打广告，可以说是曝光量最大的一类平台，同时也是风险级别最高的一类平台。

绝大多数民营系的 P2P 平台借助互联网发展起来，有着强大的互联网思维，此类平台的产品创新能力高，市场化程度高，平台特点是投资起点低、收益高、手续便捷，客户群几乎囊括了各类投资人群。

诸如宜信这样较早出现的民营系 P2P 平台，已经成长为业界的领头羊。但是在众多民营系 P2P 平台当中，部分平台不具备雄厚的资金支撑，具有较高的风险。

民营系 P2P 平台的优势体现在以下两点：第一，民营系 P2P 平台具有普惠金融的特点，该类 P2P 平台的门槛极低，一些平台的最低门槛甚至低至 50 元即可起投；第二，民营系 P2P 平台中的投资收益率具有吸引力，处于 P2P 行业较高水平。

然而，民营系 P2P 的劣势也十分明显。由于民营系 P2P 平台普遍资本实力及风控能力偏弱，大量的跑路平台、爆雷平台大多是民营系 P2P 平台，可以说民营系 P2P 平台是所有 P2P 平台中风险最高的一种。投资者在选择民营系 P2P 平台进行投资时，需要对幕后企业做足研究再选择是否入场。

2. 银行系 P2P 平台

银行系 P2P 平台在整个 P2P 行业里并不多，银行系 P2P 平台大多由银行直接推出，或与银行挂靠，或第三方资金由银行拖管，对于一些保守的借贷者来说较为友好。

相较于民营系 P2P 平台，银行系 P2P 平台的核心优势在于风险控制能力强，这类平台利用银行的天然优势，通过银行系统进入央行征信数据库，在较短的时间内掌握借款人的信用情况，同时还能够掌握贷款人的信用水平以及资金动向，从而大大降低了借贷双方用户的风险。

除此之外，银行系 P2P 平台还有两个优势，第一，挂靠于银行的 P2P 平台资金雄厚，流动性充足；第二，银行系 P2P 平台中的项目源质地优良，这是由于参与银行系 P2P 交易的用户大多来自银行原有的中小型客户；另外，包括恒丰银行、招商银行、兰州银行、包商银行在内的多家银行，均以不同的形式直接参与旗下 P2P 平台的风控管理。

当然，银行系 P2P 平台也存在着劣势。银行系 P2P 的劣势主要体现在借款人的整体收益率偏低，预期年化收益率处于 5.5% 至 8.6% 之间，略高于银行理财产品，处于 P2P 行业较低水平，对投资人的吸引力有限。并且，现在不乏一些传统商业银行只是将互联网看作一个销售渠道，对网络平台重视程度不够高，从而导致银行系 P2P 平台创新能力、市场化运作机制都不够完善。

3. 上市公司系 P2P 平台

互联网金融这一概念深受资本追捧，很多上市公司从市值管理的角度出发，涉足互联网金融板块，借助火热的互联网金融新概念，或是通过控股收购 P2P 公司合并报表，以帮助上市公司实现市值管理的短期目标。

上市公司资本实力雄厚，便纷纷进场涉足 P2P 领域，创立 P2P 交易平台。很多上市公司从产业链上下游的角度出发，企图打造全新的供应链金融体系。

大部分上市公司在其所处细分领域立足多年，熟知产业链上下游的企业情况，并且能够掌握 P2P 平台的经营风险，具有保证贸易真实性的实力，因此很容易甄别出优质借款人，从而保证在 P2P 平台交易当中借贷双方的资金安全。

4. 国资系 P2P 平台

所谓国资系 P2P 平台，就是有国企参与投资并控股的 P2P 交易平台。国资系 P2P 平台多脱胎于国有金融或类金融平台，如此一来使得国资系 P2P 平台中的业务模式较为规范，平台中的从业人员专业素养较高，为一些初入

P2P 投资理财领域的用户提供了便捷和信赖。

但不容忽视的是，国资系 P2P 平台的劣势同样十分明显：

第一，国资系 P2P 平台的起投门槛相较于其他类型的 P2P 平台要高很多，使得很多用户望而却步；

第二，国资系 P2P 平台的收益率不具有吸引力。根据统计数据，国资系 P2P 平台的收益率远远低于其他种类 P2P 行业的平均收益率；

第三，从融资端来看，由于国资系 P2P 平台中所提供的项目标较大，且所提供的产品种类多为企业信用贷，可供用户选择的领域十分有限，加之国资系 P2P 平台往往较为谨慎，使得层层审核的机制严重影响了平台运营效率，导致平台的操作十分烦琐，无法为用户提供良好的投资理财体验。

对 P2P 投资感兴趣的读者，可以登录网贷之家网站，网贷之家提供了大量的 P2P 平台信息，并设置了几项筛选条件，其中就有按照民营系、银行系、上市公司系、国资系筛选平台，通过多维度筛选考察，可以选出几家优质的 P2P 平台。

> 股票投资是目前普及率最高、参与人数最多的理财工具，这给大部分投资者造成了一种错觉，认为股票投资风险低，于是盲目入市。

第3章

从保本理财入门，跑赢利率就算赢

如果遇到无具体投向、无明确发售方、无风险提示的“三无”保本理财产品更要多加小心。

本章主要内容包括：

- 保本投资
- 保本型基金
- 保本型结构性存款
- 保本投资的工具——国债
- 国债运作流程
- 保本与保障——分红型保险

3.1 保本投资

在多年的理财教育经历中，听到过最多的问题就是“有没有一种投资方式能够让投资的风险降到最低”，相信这也是很多刚入门的投资者最关心的问题。保本投资就可以满足这部分投资者的理财需求。保本投资，顾名思义就是保障本金的安全，如果忽略通货膨胀率和机会成本，投资风险可以视为零。本节将详细讲解保本理财工具。

3.1.1 保本投资理财

保本投资理财是一种避免投资本金亏损的理财方式，其中的基本假设是：任何人的现金都是有限度的。因为保本投资的关键在于其卖出决策，而不是其买入决策。保本理财则是指购买者在履行相应的条款后能够保证本金安全，即到期客户可拿回全部本金。保本投资的缺点在于在投资过程当中，保本投资的收益存在不确定性。

保本理财产品，分保证本金保证收益和保证本金浮动收益两类，都属于低风险理财。保证和浮动说明了银行承担的风险不同。通过名称就可以看到，保本类理财在协议中会有银行承诺，无论发生任何问题银行都保证客户到期可以拿回全部本金。

不过，有的理财产品保本是有条件的，并设置了到期保本条款，即持有至产品到期才保本，如果投资者中途赎回，则该产品照样不保本。还有一些理财产品仅部分保本，比如设置 95% 保本，则本金最多损失 5%。

保本理财是投资者最欢迎的一种稳健理财方式，那么保本理财有哪些注意事项呢？

3.1.2 保本投资注意事项

新手投资者在进入保本理财市场中时，一定要适当了解一些理财的相关知识，并且向有理财经验的人询问，同时学习经验。

在这里需要提醒投资者的一点是，在购买保本理财产品的时候，新手理财千万不要跟风购买各类理财产品，也不要盲目听别人的意见，不论是购买银行理财产品，还是保本基金，都需要结合自己的实际情况以及对投资产品的了解再下定夺。

同时，在购买保本理财类的产品时，投资者一定要做到买前“三问”，这“三问”分别为：问渠道、问发行主体、问投资去向。

投资者可通过网络平台查询、核实相关保本理财产品的真实信息，以确定所需购买保本理财工具的真实性和安全性。同时，投资者要学会分辨该保本投资产品属性为“自有”还是“代销”，如果遇到无具体投向、无明确发售方、无风险提示的“三无”保本理财产品，就要多加小心。

我在进行保本理财时，面对一些保本理财产品远高于正常固定收益水平的“预期收益率”，都持有敬而远之的态度。在我看来，根本没有如此完美的理财产品，既能保本还能有高于市场平均水平的收益率；如果有的话，也是骗子为贪心的投资者量身打造的“骗子产品”。

最后，投资者应当及时关注所购买投资理财工具的官方动态。购买保本理财产品之后，一定要学会及时关注央行和银行的一些相关动态和指示，以及政府的一些官方消息。总而言之，要做到规避风险，赚到最大收益，关注市场内的动态与信息是必不可少的环节。

> 保本理财，将风险降到最低，是保守投资的“宠儿”。

3.2 保本型基金

保本型基金作为一种风险较低的投资理财方式，为众多保守的投资者带来了安全感。本节将对保本型基金进行详细的讲解。

3.2.1 何为保本型基金

保本型基金主要是将大部分的本金投资在具有固定收益的理财工具上，像定存、债券、票券等，确保到期的本金加利息不低于初期所投资的本金；另外，在将孳息或是极小比例的本金设定在选择权等衍生性金融工具上，以赚到投资期间的市场利差，因此保本型基金在设计上提供了小额投资人保本及参与股市涨跌的投资机会。

保本型基金优势如下：

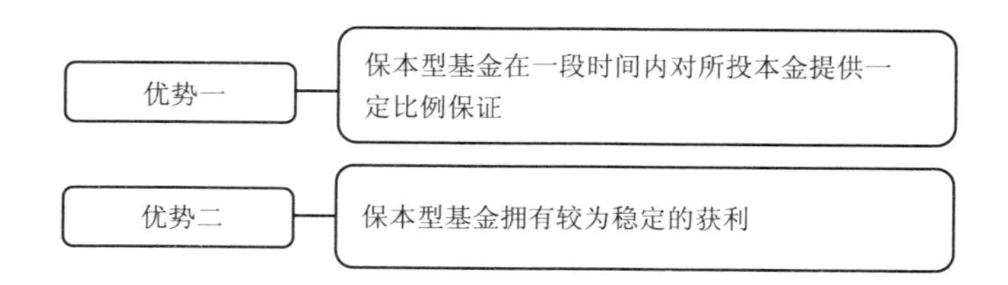

3.2.2 保本型基金的风险控制

说起保本型基金投资，我最看重其控制风险的能力，的确，保本型基金拥有普通投资所不具备的风险控制能力。

保本型基金之所以能够控制风险，是因为在投资风险方面经过了精密的计算，并且通过严密的制度设计降低其风险，使保本型基金风险获得有效的控制。对保本型基金风险的控制，体现在以下三个方面：

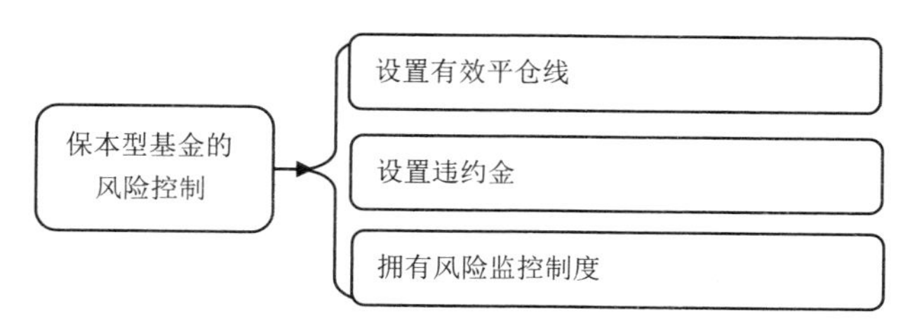

首先，保本型基金设定了有效的平仓线，如果股票投资部分能以一定范围内的冲击成本及时平仓，则保本型基金将不会出现赔付。

同时，考虑到如果连续出现大盘无流动性跌幅的情况，保本型基金在日常运作的时候会有专门人员每日进行测算，保留出足够的安全空间以防范此类危险。极端情况下，基金公司会以收取的管理费进行贴补。

其次，基金管理公司通过较高的赎回费率，也就是提前赎回的解约罚金，以此来控制投资者的资金流动进出的频率，其中一部分将会返回基金资产弥补冲击成本。

在市场波动不大的情况下，费率的调控力度比较有效。但在市场出现异常波动而导致投资者心理恐慌的情况下，费率调控的力度将大大降低。

最后，风险监控管理的制度安排和执行是杜绝保本型基金运作风险的核心部分。

风险控制一般主要由风险监控人员完成。多重监控防火墙的安全设计将有效保证保本投资机制的顺利运行。

3.2.3 保本型基金选购注意事项

身边有不少朋友问我：“既然保本型基金这么好，那么是否人人都可以买保本型基金呢？”

我个人的经验是，保本型基金如果提前赎回，是享受不到“保本”的，那么追求百分之百保本的朋友，在没有具体的投资理财规划之前依然不可随便购买。

作为一种特殊基金，购买保本型基金也有一些注意事项，如此，才能在保护本金的基础上，真正做到资产增值。对此，我也总结出了购买保本型基金的“三大必知”，以供参考。

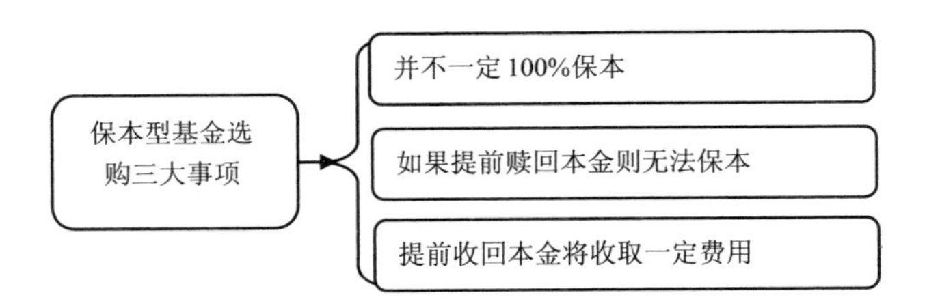

首先，保本型基金并不会百分之百保本。

投资者在选购保本型基金时，内心一定会有这样的疑问：“是不是无论何时购买的保本型基金，都能够百分之百保证本金的安全性呢？”答案是否定的。

一般情况下，保本型基金的保本承诺，均有认购保本和申购保本之分。

简单来说，这些保本型基金只有投资者在募集时购买的份额，才能享受保本的待遇，在之后打开申购的时间里购买的份额是不能享受保本的。对于新手投资者来说，如果想保证自己的资金能够尽量保本，只能考虑申购处于募集期的保本型基金。

其次，购买保本型基金之后如果选择提前赎回，则该保本型基金不保本。

新手投资者在选购保本型基金时需要注意的是，当股市出现暴跌的时候，与其相关的保本型基金也会出现阶段性的亏损。

例如，财经频道曾报道过“保本型基金不保本”的新闻，当时仅有的6只保本型基金前5个月全线亏损，其中一只保本型基金亏损达到7.64%之多。在那种时候，是不是该赎回保本型基金呢？

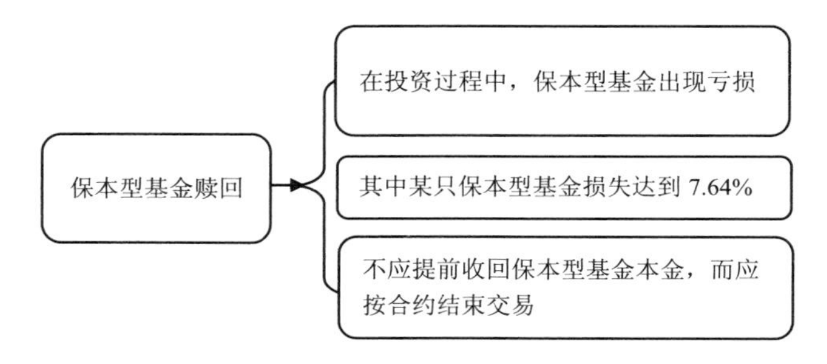

我个人的见解是，即便保本型基金投资出现了一定量的亏损，投资者也尽量不要提前赎回保本型基金本金。因为基金公司的承诺是，只对持有保本周期到期的基金资产提供保本承诺。如果投资者中途因急需资金而赎回基金，投资本金是享受不到保本的。

因此，按照保本型基金的合约规定，提前赎回本金将会无法保证本金的安全，更不能达到保本的目的。

最后，投资保本型基金过程中，如提前赎回，可能会被收取较高的费率。

保本型基金的份额变化通常比较小，其形式上与封闭式基金有些类似。因此，保本型基金会把绝大部分的钱用来投资，而不像开放式基金那样，随时留一笔现金出来应对赎回，当出现赎回时会比较被动。

因此，对于提前赎回的投资，保本型基金的赎回费率比较高，甚至带有一定的惩罚性质。例如，持有期限 1 年以上 1.5 年以下，建信保本赎回费率为 1.6%，汇添富保本为 2%；但如果持有 1.5 年（含）以上 3 年以下，建信保本费率为 1.2% ~ 1.6%，而汇添富则降为 1%。

以我个人的经验来说，我在 2006 年开始接触保本型基金，直至 2009 年才真正获得收益。也就是说，如果投资者选择投资保本型基金，则一定要做好打“持久战”的准备，因为保本型基金一般都会要求持有 3 年以上。

> 保本型基金能够保证投资者稳定获利。

3.3 保本型结构性存款

保本投资中重要的一环就是保本型结构性存款，本节将对保本型结构性存款的概念进行详细的讲解。

3.3.1 何为保本型结构性存款

保本型结构性存款是指在存款的基础上嵌入金融衍生工具如期权、期货等，从而使存款人在承担一定风险的条件下获取较高的投资收益。其形式一般表现为“存款 + 金融衍生物”，相应的收益也就包括“银行定存利率 + 金融衍生品收益”两个组成部分。

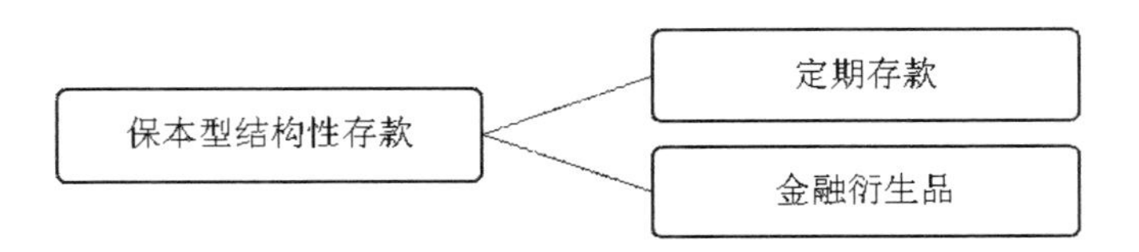

保本型结构性存款最大的特点在于，本金可保证：结构性存款本金按照储蓄存款业务管理，本金安全。

下面，以某银行个人结构性存款产品为例，详细说说保本型结构性存款。

（1）该产品投资期限有 1 个月、3 个月、半年、1 年。

（2）本金：投资存款、国债等固收产品。收益：投资金融衍生品。从收益上会分为三档收益，第一档是保底收益，以 1 年举例，第一档是保底收益，年化收益率为 1.5%；第二档以以往业绩来看大概率为 4.0%；第三档最高，年化收益率为 4.1%。这三档收益，会在合同上明确标明投资标的、观察日，以及各档的兑付条件。

这款产品第一档保底收益是可以保证实现的，因为这部分收益是定期存款的利息，也可以满足大家对于保本的投资预期。

第二档收益和第三档收益是金融衍生品收益，这一部分收益就要视情况而定了，有可能实现，也有可能无法实现，既往曾经实现了高收益，不代表未来一定能实现高收益。所以银行理财经理通常只会告诉你最高档收益，并把预期收益说成是既定收益，这其实是在严重地误导你。

在购买保本型结构性存款时，一定要看看它的金融衍生品是什么，目前比较典型的结构性存款有：利率挂钩型结构性存款、汇率挂钩型结构性存款、信用挂钩型结构性存款、股票挂钩型结构性存款、商品挂钩型结构性存款、黄金挂钩结构性存款。

如果你对金融衍生品不太了解，那原则上可以把结构性存款视为一种保本但并不保证高收益的投资品种。

3.3.2 两个提示

还记得吗，在第 1 章里提到储蓄可以开启你的理财之路，储蓄的过程是积攒理财本金的过程，有了本金才有可能参与更多高级别的理财活动。

所有的理财产品中只有储蓄没有门槛，大部分的理财产品都有投资门槛。结构性存款投资门槛相对较高，对于起投金额有一定的限制，比如要求 5 万元起步，单笔追加限额也是 1 万元起步，这需要投资者具有一定资金量才能参与。

结构性存款存在着上述的优势，但也不可避免地存在诸多风险，主要可以归纳为以下几类：

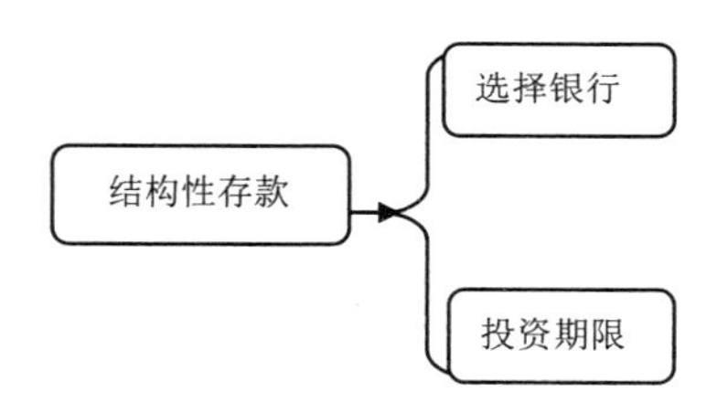

因此，投资结构性存款需注意以下两个方面：

（1）由于结构性存款都锁定了一个固定期限，投资者在期限内不能提前支取，就如同定期存款一样，投资者将面临在存款期内丧失较好的投资机会而付出较高机会成本的风险，这就是外汇结构性存款投资者面临的流动性风险。

（2）对于同一时期同样结构的产品，不同银行提供的收益率也有所差别，这主要是由银行自身的信用风险决定的。资金雄厚、操作规范、风险承受能力强、经营稳健的银行，由于其自身的信用风险较低，所推出产品的收益率可能相对较低。而那些稳定性较低，自身信用较差的银行虽然提供的产品收益率较高但是风险也很大，投资者很可能因银行违约而蒙受损失。

结构性存款是一种保本但并能不保证高收益的投资品种。

3.4 保本投资的工具——国债

国债是国家信用的主要形式，政府发行国债的目的往往是弥补国家财政赤字，或者为一些耗资巨大的建设项目以及某些特殊经济政策乃至为战争筹措资金。

由于国债以中央政府的税收作为还本付息的保证，因此风险小，流动性强，利率也较其他债券低。

3.4.1 何为国债

国债又称国家公债，是国家以其信用为基础，按照债券的一般原则，通过向社会筹集资金所形成的债权债务关系。国债是由国家发行的债券，是中央政府为筹集财政资金而发行的一种政府债券，是中央政府向投资者出具的、承诺在一定时期支付利息和到期偿还本金的债权债务凭证。由于国债的发行主体是国家，所以它具有最高的信用度，被公认为是最安全的理财工具。

3.4.2 国债的分类

按照不同的标准，国债可分为国家债券和国家借款、定期国债和不定期国债、国家内债和国家外债、自由国债和强制国债。

1. 按借债方式不同分

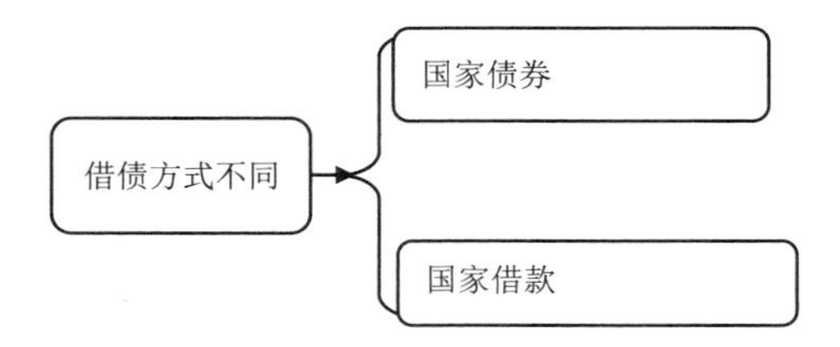

国家债券是通过发行债券形成国债法律关系。国家债券是国家内债的主要形式，我国发行的国家债券主要有国库券、国家经济建设债券、国家重点建设债券等。

国家借款是按照一定的程序和形式，由借贷双方共同协商，签订协议或合同，形成国债法律关系。国家借款是国家外债的主要形式，包括外国政府贷款、国际金融组织贷款和国际商业组织贷款等。

2. 按偿还方式不同分

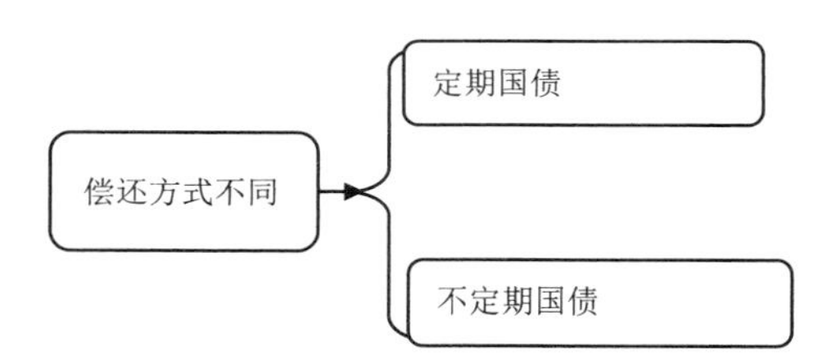

定期国债是指国家发行的严格规定有还本付息期限的国债。定期国债按还债期长短又可分为短期国债、中期国债和长期国债。

短期国债通常是指发行期限在 1 年以内的国债，主要是为了调剂国库资金周转的临时性余缺，并具有较大的流动性。

中期国债是指发行期限在 1 年以上、10 年以下的国债（包含 1 年但不含 10 年），因其偿还时间较长而可以使国家对债务资金的使用相对稳定。

长期国债是指发行期限在 10 年以上的国债（含 10 年），可以使政府在更长时期内支配财力，但持有者的收益将受到币值和物价的影响。

不定期国债是指国家发行的不规定还本付息期限的国债。这类国债的持有人可按期获得利息，但没有要求清偿债务的权利。如英国曾发行的永久性国债即属此类。

3. 按发行地域不同分

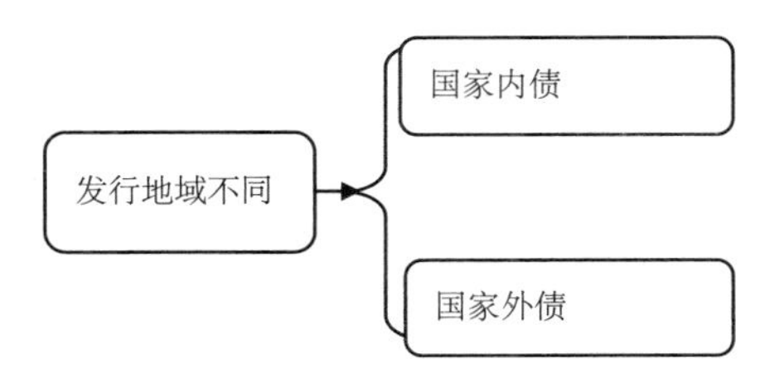

国家内债是指在国内发行的国债，其债权人多为本国公民、法人或其他组织，还本付息均以本国货币支付。

国家外债是指一国常住者按照契约规定，应向非常住者偿还的各种债务本金和利息的统称。按照国家外汇管理局发布的《外债统计监测暂行规定》和《外债统计监测实施细则》的规定，中国的外债是指中国境内的机关、团体、企业、事业单位、金融机构或者其他机构对中国境外的国际金融组织、外国政府、金融机构、企业或者其他机构用外国货币承担的具有契约性偿还义务的全部债务。

4. 按发行性质不同分

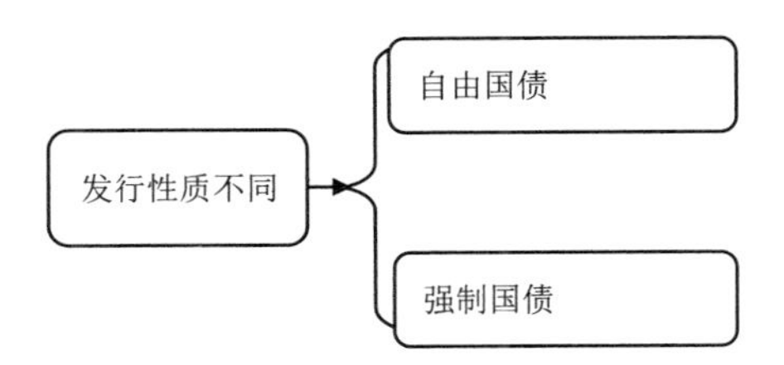

自由国债又称任意国债，是指由国家发行的由公民、法人或其他组织自愿认购的国债。它是当代各国发行国债普遍采用的形式，易被购买者接受。

强制国债是国家凭借其政治权力，按照规定的标准，强制公民、法人或其他组织购买的国债。这类国债一般是在战争时期或财政经济出现异常困难，或为推行特定的政策、实现特定目标时推出的。

国债为何深受中老年人青睐？风险小、流动性强，有这几点理由就足够了。

3.5 国债运作流程

了解国债的基本概念之后，想要通过国债进行投资理财的投资者还需要对国债的基本操作流程有所了解。本节将对国债的运作流程进行解答。

国债的购买方式大致分为三类：无记名式国债的购买、凭证式国债的购买、记账式国债的购买。

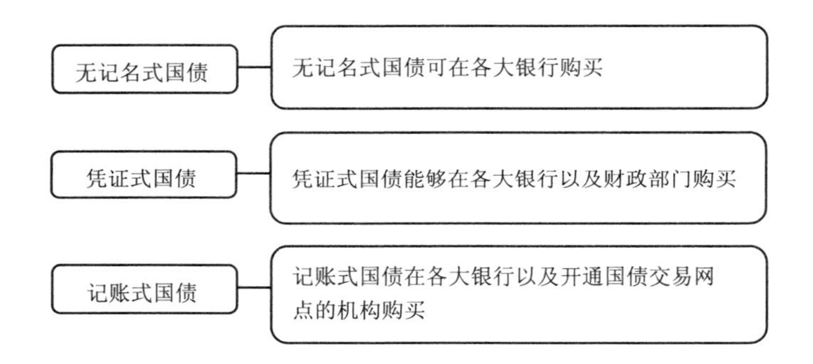

1. 无记名式国债的购买

无记名式国债的购买对象主要是各种机构投资者和个人投资者。无记名式国债的购买是最简单的。投资者可在发行期内到销售无记名式国债的各大银行，其中包括中国工商银行、中国农业银行、中国建设银行、交通银行等和证券机构的各个网点，依靠投资人持款填单购买。

无记名式国债的面值种类一般为 100 元、500 元、1000 元面额不等。

2. 凭证式国债的购买

凭证式国债主要面向个人投资者发行。凭证式国债的发售和兑付是通过各大银行的储蓄网点、邮政储蓄部门的网点以及财政部门的国债服务部进行办理，其网点遍布全国城乡，能够最大限度满足个人投资者的购买、兑取需要。

投资者购买凭证式国债可在发行期间内持款到各网点填单交款，办理购买事宜。

凭证式国债办理手续和银行定期存款办理手续类似。由发行点填制凭证式国债收款凭单，其内容包括购买日期、购买人姓名、购买券种、购买金额、身份证件号码等，填完后交购买者收存。

凭证式国债以 100 元为起点整数发售，按面值购买。发行期过后，对于客户提前兑取的凭证式国债，可由指定的经办机构在控制指标内继续向社会发售。

投资者在发行期后购买时，银行将重新填制凭证式国债收款凭单，投资者购买时仍按面值购买。购买日即为起息日。兑付时按实际持有天数、按相应档次利率计付利息。凭证式国债的利息计算一般截至合约到期的最后一日。

3. 记账式国债的购买

记账式国债可以到证券公司和试点商业银行柜台进行购买交易。记账式国债的试点商业银行包括中国工商银行、中国农业银行、中国银行、中国建设银行、招商银行、北京银行和南京银行，以及在全国范围内开通国债柜台交易系统的分支机构。

记账式国债又可以细化分为银行柜台记账式国债以及证券公司系统买卖记账式国债，二者虽然都是记账式国债，但存在着一定的差异。

银行柜台记账式国债是指以银行为交易场所，通过银行购买柜台记账式国债的方式。柜台记账式国债购买过程中，投资者可以开通网上银行账户，直接在个人电脑上进入银行的官方网页，输入个人账号和密码，在交易时间内就可以进行国债的自由交易。

证券公司系统买卖记账式国债是指投资者以证券公司为中介，通过公司购买国债的方式。投资者购买记账式国债，需要在交易所开立证券账户或国债专用账户，并委托证券机构代理进行交易。

与买卖股票一样，通过委托系统下单，操作十分简单。只需输入所要购买的国债代码，再输入交易数量和价格即可。一般开户过后，证券公司和柜台银行会赠予操作手册，对于新手理财投资者来说十分友好。

银行柜台记账式国债和证券公司系统买卖记账式国债之间存在着明显的差异，那就是投资者通过银行交易无须支付交易费用，而通过证券公司进行交易所需的交易费用大约是交易金额的 0.1% ～ 0.3%。

> 熟悉国债购买分类以及流程，为投资理财打开另一扇大门。

3.6　保本与保障——分红型保险

保险是低风险、中长期限的理财产品，一份保险可以保到七十岁甚至终身，这是其他金融产品不具备的特性。

分红保险，既能提供大病和身故的保障，又能每年拿分红，是保本投资中的重要工具之一，很多保守的投资者在选择理财工具时，会选择分红型保险进行投资。本节将对分红型保险的具体内容以及选购方式进行详细讲解。

3.6.1　何为分红型保险

分红型保险是指保险公司将其实际经营成果优于定价假设的盈余，按一定比例向保单持有人进行分配的人寿保险产品，保单持有人每年都有权获得建立在保险公司经营成果基础上的红利分配。

简单来说，分红型保险就是分享红利，投资人享受保险公司的利润。

3.6.2　红利的分配模式

红利的分配方法主要分为现金红利法和增额红利法两类。这两种盈余分配方法代表了不同的分配政策和红利理念，所反映的透明度以及内涵的公平性各不相同，对保单资产份额、责任准备金以及寿险公司现金流量的影响也不同。

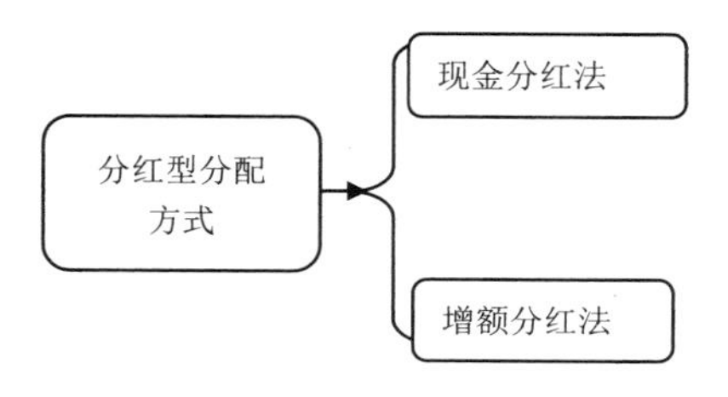

1. 现金红利法

现金红利法，顾名思义，就是每年一次的保单分红，直接以现金的形式返给保单持有人。

保单持有人既可以现金领取红利，也可以选择将红利留存公司累计生息、抵扣下一期保费等。对保单持有人来说，现金红利的选择比较灵活，满足了客户对红利的多种需求。

保单持有人如果选择将红利留存公司累计生息，保险公司会给你一个利息，目前为 3% ~ 3.5%，而且一般是年复利。

近些年出现了累计生息的升级模式——万能金账户，即附加或者额外购买一款万能险，每年的分红直接进入万能险账户，年化利率会更高一些，能达到 4.5% ~ 5.5%。而且万能险一般是每个月结算利息然后计算复利，一年计算复利 12 次。对大额的年金险来说，这种方式确实会提高整体的收益率。

2. 增额红利法

增额红利法是指分红险将当期红利增加到保单的现有保额之上，保额增加，每年所分的红利，一经确定增加到保额上，就不能调整。这样，保险公司可以增加长期资产的投资比例，在某种程度上也增加了投资收益，使被保险人能保持较高且稳定的投资收益率。投资人在发生保险事故、保险期满或退保时，可拿到所分配的红利。

像太平人寿、太平洋人寿等公司的分红型产品都是保额分红。

3.6.3 分红型保险选购方式

1. 保障与分红并重

分红险是集保障与理财与一体的险种，保险的主要功能是提供风险保障，其次是理财功能。 很多投资者一听说有很高的回报，就匆匆投保分红险，这是不理性的投保行为。

现今，大多数人还处于缺少保障类保险产品的现状。投资者在选择保险产品时，首先应该以保险所能带来的保障为前提，一般情况下，只有在健康和医疗保障充足的情况下才去考虑分红型的产品， 否则客户一旦因为健康原因或发生意外风险，导致收入下降，缴纳分红险产品续期保费能力出现困难，会出现不必要的损失。因此，投保人应该是在获得充分保障的基础上选择购买分红险，切不可为追求红利而盲目购买保险。

2. 了解自身需求

理财投资者在购买分红型保险的时候，一定要做到正确分析个人保险需求，并且事先充分考虑个人风险承受能力。

我个人的见解是，分红型保险比较适合收入稳定的人士购买，对于有稳定收入来源、短期内又没有一大笔开销计划的投资者，买分红保险是一种较为合理的理财方式，也是风险较低的理财投资方式。

对于收入不稳定，或者短期内预计有大笔开支的投资者来说，选择分红型保险产品需要谨慎。由于分红型保险的变现能力相对较差，如果中途想要退保提现来应付不时之需，可能会连本金都难保。因此，我不建议这样的投资者购买分红型保险。

3. 选择实力强大的公司

分红保险的利益是变动的，公司每年向保单持有人派发红利不是定值，是随保险公司的实际经营绩效而波动。客户未来获得红利的多少，取决于保险公司业务经营能力的强弱。

因此，客户在选择购买时，应该在认真了解产品本身的保险责任、费用水平等的基础上，选择实力强大的保险公司。

在选购分红型保险之前，首先要看保险公司的实力。实力雄厚的保险公司在资源上往往具有一定的优势，能够为客户提供更好的服务，对本金的安全性也能提供更加有效的保障。

其次，选购分红型保险需要看保险公司的经营管理水平，包括保险公司的投资业绩、品牌形象等。良好的品牌形象更加具有可信度，对于新手投资者来说能够获得更多的安全感。

3.6.4 分红型保险注意事项

如果投保人选择购买分红保险产品，投保人应当了解分红保险可分配给投保人的红利是不确定的，没有固定的比率。

分红水平主要取决于保险公司的实际经营成果，简单来说只有实际经营成果好于预期，保险公司才会将部分盈余分配给投保人。如果实际经营成果比预期差，保险公司将有可能不会进行盈余分配。

值得注意的是，不要将分红保险产品同其他金融产品，例如国债、银行存款等画上等号或者进行片面比较。

2018 年 5 月，银保监会发布《关于警惕“保险分红”骗局的风险提示》，提醒投资者警惕部分人员以“保险分红”名义诱导投资者办理退保并购买其他投资产品的骗局。

这份公告指出，一些非保险机构人员冒充保险公司工作人员，以领取“保单分红”名义，诱导欺骗投资者办理退保并购买其他投资产品。上述行为侵害了保险投资者的知情权、公平交易权、信息安全权等合法权益，造成了不良的影响。在此前提下，银保监会也提醒广大投资者要对此类行为提高警惕，树立正确的保险意识，积极维护自身合法权益。

我针对分红型保险选购时所将会遇到的一些常见问题，总结了以下三点注意事项。

（1）投资者应警惕非法推销分红型保险的常见手法。其中，常见手法包括，冒充保险公司从业人员，以“保单分红”“保单升级”“赠送礼品”“售后服务”等名义联系保险投资者，代理人在取得投资者的信任之后，将会暗中贬低投资者已购买的保险产品价值，诱导投资者办理退保或保单质押，转投其推荐的高收益“理财产品”。

此行为很可能涉嫌诈骗或非法集资，严重威胁投资者的资金安全。在遭遇此类情况时，投资者一定要提高警惕。

（2）各位投资者要树立正确的保险意识。根据银保监会发布的《关于警惕“保险分红”骗局的风险提示》公告，保险的主要功能是提供风险保障，投资者应提高自我防范意识，谨慎办理退保或保单质押。不受所谓的“高额回报”蒙蔽，不与所谓的“代理人”签订任何私下协议，不轻易将所持保单、个人身份证件等出示或委托他人，以免投资者在不知情的情况下“被退保”或“被理财”。

（3）投资者要积极维护自身合法权益。投资者如遭遇类似自称保险公司人员的“分红”邀约，可以通过保险公司网站、统一客服电话等正式渠道查验真实情况和相关人员资质，了解保单分红具体情况，核实保险机构办公场所等。

在选购分红型保险之前，首先要看保险公司的实力，实力雄厚的保险公司能够对本金的安全性提供更加有效的保障。

第4章

进阶投资，建立赚钱系统，滚动雪球

投资理财就像一个滚雪球的过程，在入门阶段通过保本理财工具的学习和实践后，逐渐地可以进行进阶学习，通过基金等低风险理财工具，构建收益率适中的投资组合。

本章主要内容包括：

➢ 滚动资金的入门工具——基金

➢ 月光族利器——基金定投

➢ 如何进行基金定投

4.1 滚动资金的入门工具——基金

前面几章讲了储蓄、货币基金、保本型基金、分红型保险、国债等无风险理财工具，无风险理财工具最大的优点就是保障本金安全、收益率偏低，适合理财新人入门学习理财。

从本章开始至第 8 章，将开始讲解有风险理财工具。有风险理财工具包括基金、债券、股票、外汇和期货等，其中，基金、债券属于低风险理财工具，股票、外汇和期货属于高风险理财工具，我按风险从低到高将其排序如下：

风险与高收益从来都是并行的，有风险理财工具有亏损本金的风险，也有获得高收益的机会。基金可以称为有风险理财的入门工具，理财技能简单，风险偏低、收益率适中，所以我由基金入手讲有风险理财工具。

什么是基金呢？通俗地讲就是专业的理财人士将普通人的钱汇集成一笔大钱，然后将这笔大钱投入债券、股票、期货等产品中，从而获取投资收益。如果这笔大钱投资赚钱了，则将收益按事先约定分配给普通人；如果赔钱了，普通人的本金则出现了亏损。在这里，专业的理财人士就是指基金公司和基金经理，普通人是指基金投资人。

如果专业的理财人士将大钱大部分投向了股票，这只基金就称为股票型基金；如果将大部分钱投向了债券，这只基金就称为债券型基金。

如果把上述通俗的解释用专业的语言重新解读一遍，基金就是指基金管理公司发起设立某只基金，向投资者发售基金份额，同时随时应投资者的要求买回其持有的基金份额。

基金按照投资标的，可以分为股票型基金、债券型基金、指数型基金和QD11 基金。

4.1.1 基金投资术语

基金投资涉及几个术语：基金认购、基金申购、基金赎回。下面我逐一讲解这些术语。

基金认购是指投资者在开放式基金募集期间、基金尚未成立时购买基金份额的行为。通常认购价为基金份额面值（1 元 / 份）加上一定的销售费用。投资者认购基金应在基金销售点填写认购申请书，交付认购款项。基金认购通俗地说就是买进新成立的基金。

基金申购是指在基金成立后投资者申请购买基金份额的行为。基金封闭期结束后，若申请购买开放式基金，习惯上称为基金申购，以区分在发行期内的认购。基金的申购，通俗地说就是买进老基金。

申购费是指投资者在基金存续期间向基金管理人购买基金单位时所支付的手续费。

国内通行的申购费计算方法为：申购费用 = 申购金额 × 申购费率，净认购金额 = 申购金额 − 申购费用。

申购费率不得超过申购金额的 5%。申购费费率通常在 1% 左右，并随申购金额的大小有相应的减让。

基金申购费率指投资人购买基金份额需支付的费用比率，投资者申购不同基金时，可能会因为申购金额的大小而申购费率有所不同。在这里，取费率应按照最大值计算。

基金赎回又称基金买回，投资者申请将手中持有的基金单位按公布的价格卖给基金公司，并收回现金，习惯上称为基金赎回。基金的赎回，就是卖出基金。赎回所得金额，是卖出基金的单位数乘以卖出当日净值。

知道有关基金的这些专业术语之后，也应当知道基金的两大分类：开放式基金和封闭式基金。

4.1.2 开放式基金

开放式基金又称共同基金，是指基金发起人在设立基金时的一种基金运作方式。开放式基金的基金单位或者股份总规模不固定，基金公司可视投资者的需求，随时向投资者出售基金单位或者股份，并且可以根据投资者的要求赎回发行在外的基金单位或者股份。

投资者既可以通过基金销售机构购买基金使得基金资产和规模由此相应地增加，也可以将所持有的基金份额卖给基金公司并收回现金使得基金资产和规模相应的减少。

开放式基金包括一般开放式基金和特殊开放式基金。也就是上市型开放式基金发行结束后，投资者既可以在指定网点申购与赎回所购的基金份额，也可以在交易所买卖该基金。

从不同的角度可以将开放式基金分成不同的类别。

（1）根据基金是否能够在证券交易所挂牌交易，可将开放式基金分为上市 ETF 基金和契约型开放式基金。

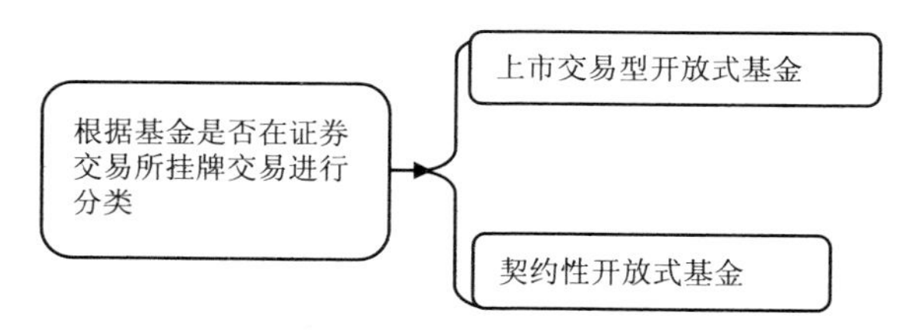

上市交易型开放式基金是指基金单位在证券交易所挂牌交易的证券投资基金。这类基金的交易双方是各个投资者。例如，交易型开放式指数基金（ETF）、上市开放式基金（LOF）。

契约型开放式基金是指基金单位不能在证券交易所挂牌交易的证券投资基金。这类基金虽然不能在证券交易所挂牌交易，但可以通过申购和赎回的方式进行交易，这类基金的交易双方是投资者和基金公司。

（2）根据不同的投资风格，可以将开放式基金分为成长型、价值型和混合型基金。

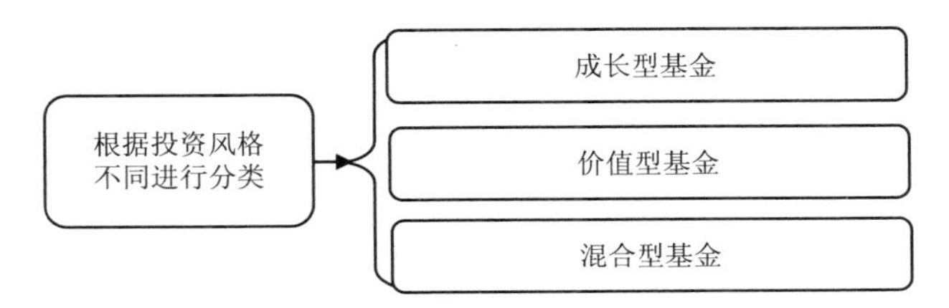

成长型股票基金是指主要投资于收益增长速度快，未来发展潜力大的成长型股票的基金；价值型股票基金是指主要投资于价值被低估、安全性较高的股票的基金；价值型股票基金风险要低于成长型股票基金，混合型股票基金则是介于两者之间。

（3）根据投资目标的不同，可以将开放式基金分为成长型基金、收入型基金和平衡型基金。

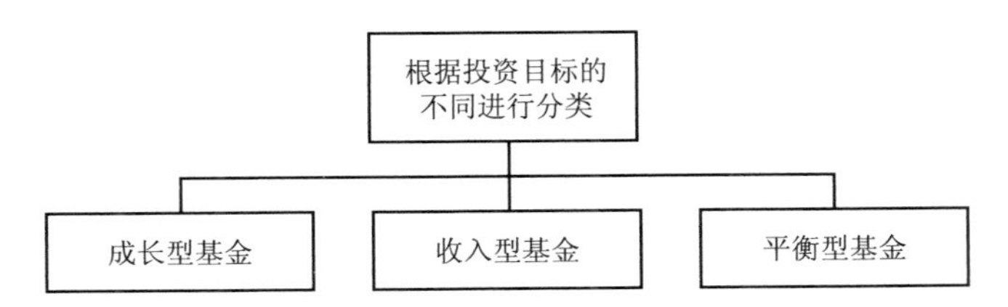

成长型基金是指以追求资产的长期增值和盈利为基本目标从而投资于具有良好增长潜力的上市股票或其他证券的证券投资基金。

收入型基金是指以追求当期高收入为基本目标从而以能带来稳定收入的证券为主要投资对象的证券投资基金。

平衡型基金是指以保障资本安全、当期收益分配、资本和收益的长期成长等为基本目标从而在投资组合中比较注重长短期收益－风险搭配的证券投资基金。

（4）根据投资理念的不同，可以将开放式基金分为主动型基金与被动型基金。

主动型基金是力图取得超越基准组合表现的基金。

与主动型不同，被动型基金并不主动寻求取得超越市场的表现，而是试图复制指数的表现。被动型基金一般选取特定的指数作为跟踪对象，因此通常又被称为指数基金。

4.1.3 封闭式基金

封闭式基金是指基金的发起人在设立基金时，限定了基金单位的发行总额，筹足总额并经必要的审批或备案后，基金即宣告成立，并进行封闭，在一定时期内不再接受新的投资。基金单位的流通采取在证券交易所上市的办法，投资者日后买卖基金单位，都必须通过证券经纪商在二级市场上进行竞价交易。

封闭式基金属于信托基金，是指经过核准的基金份额总额在基金合同期限内固定不变，基金份额可以在依法设立的证券交易所交易，但基金金额持有人不得申请赎回的基金。

开放式基金和封闭式基金之间具有一定的联系，开放式基金和封闭式基金共同构成了基金的两种基本运作方式。

由于基金规模的不固定性，基金单位可随时向投资者出售，也可应投资者要求买回；封闭式基金就是在一段时间内不允许再接受新的入股以及提出股份，直到新一轮的开放，开放的时候可以决定你提出多少或者再投入多少，新人也可以在这个时候入股。封闭式基金的开放时间一般是 1 年。

封闭式基金份额保持不变，只能采用现金分红而无法以红利再投资的形式进行红利分配。对于长期处于折价交易的封闭式基金而言，分红能起到提升基金投资价值的作用。

4.1.4 开放式基金与封闭式基金的差异

通过上文的介绍，可以将开放式基金与封闭式基金二者之间的知识点进行一个简单的总结对比式总结，并对两种不同基金类型的差异做出比较。开放式基金与封闭式基金的差异分为以下五点。

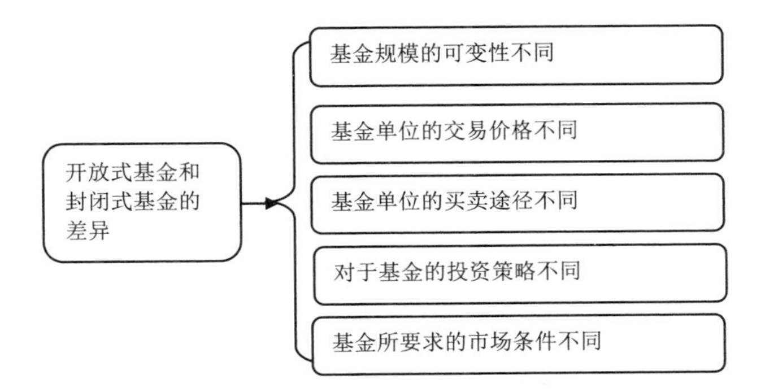

第一，基金规模的可变性不同。开放式基金发行并开放后其基金单位是可赎回的，而且投资者可随时申购基金单位，所以基金的规模不固定；封闭式基金规模是固定不变的。

第二，基金单位的交易价格不同。开放式基金的基金单位的买卖价格是以基金单位对应的资产净值为基础，不会出现折溢价现象；封闭式基金单位的价格更多地会受到市场供求关系的影响，价格波动较大。

第三，基金单位的买卖途径不同。开放式基金的投资者可随时直接向基金管理公司购买或赎回基金，手续费较低；封闭式基金的买卖类似于股票交易，可在证券市场买卖，需要缴手续费和证券交易税，一般而言，费用高于开放式基金。

第四，投资策略不同。开放式基金必须保留一部分现金，以便应付投资者随时赎回，进行长期投资会受到一定限制。而封闭式基金不可赎回，无须提取准备金，能够充分运用资金，进行长期投资，取得长期经营绩效。

第五，所要求的市场条件不同。开放式基金的灵活性较大，资金规模伸缩比较容易，所以适用于开放程度较高、规模较大的金融市场；而封闭式基金正好相反，适用于金融制度尚不完善、开放程度较低且规模较小的金融市场。

4.1.5 基金选购原则

我的一个闺密李静前些日子郁郁寡欢，总是在唉声叹气，原本很注重保养的她变得粗糙了许多。在我的再三询问之下，她终于向我吐露了心声。原来，她和老公五年前结婚，原本生活十分美满。但是就在去年 3 月，她和老公在银行工作人员的怂恿下，买了十万元的基金。

她和老公两个人当时连对基金是何物都一无所知，更不要说选购基金的技巧知识了。但在高收益的诱惑下，她和丈夫两个人买了十万元基金，几乎将积蓄都投入基金市场中。一年后，她持有的基金市值增长了30%，两口子赚了不少钱，这样的收益让她欣喜若狂。

两个人尝到甜头后，为了赢得更多的利润，便将家中原本用于买车的十万元资金全部投入基金市场中。

正当两个人做着基金收益翻倍的美梦时，股市大跌，两个人9月买的基金，不但分文没赚，反而比其他基金跌得深。李静整日愁眉不展，心情郁闷。

其实，像李静一样的投资者不在少数，盲目入市，既无理财知识储备，也无良好的心理素质应对投资风险，投资赚钱了，欣喜若狂继续加大投资金额；投资亏钱了，唉声叹气、悲观绝望。许多新基民在出现阶段性收益减少甚至亏损时，情绪波动较大，便在悲观情绪的冲动之下割肉止损。

前面我已经讲了，基金是有风险理财工具，有可能获得高收益，也有可能亏损本金，投资基金前一定要有充分的知识储备。盲目入市，后果并不美妙。

投资基金首先应当做好长期持有的准备。基金不是股票，对于新手投资者而言不宜进行短期操作。在基金市场当中，频繁赎回会增加投资的成本，欲速则不达。新基民在选购基金时，应像定期储蓄那样，利用红利滚存，设定较长的赎回周期，这就等于长期持有，从而降低投资的风险以及投资过程中的成本。

如何在投基过程中做到攻守兼备，在调整市道里做到处变不惊，我给她讲了我选择基金的四个原则。

（1）选老基金，老基金在股市里跌打滚爬多年，积累了丰富的经验，操盘手法更加细腻和老道，运作也较规范。新基金却有一个从认识到实践的运作过程，未来的收益情况存在很大的不确定性。

（2）选择和自身条件相吻合的基金。基金的风格多种多样，有的激进，有的稳健，有的保守，选择与自己性格相仿的品种，才是最好的，也是最有效的。

（3）在选购基金时，要研判基金的质地。综合考虑基金公司的治理结构、投资风格、团队整体实力和产品收益。不要计较盘子的大小，大的抗风险能力强，小的船小调头快，各有各的优劣。

（4）选购基金需要正视价格，不能贪图低价基金而加大投资成本。所有基金的净值高低都是相对的，发行后处在同一起跑线上，不要误解价格低的基金升值空间大，反之价格高的也不一定升值慢。

投资基金，还需要做好以下两点基金配置与管理：

（1）选购基金时，投资者需要分批买入。基金同股票一样都存在风险，只是基金的风险与股票相比较小。新基民如果将资金一次性投入基金市场当中，一旦被套就没有机会摊薄成本。后文介绍的“定额定投”，平均成本低，复利优势明显，又规避了跌市中的风险，是一种稳健取利的投资方式。因此，在新基民选购基金的初期一定需要做好合理的资金配置，不应将全部积蓄都用于基金投资。

（2）投资者要分散投资，不把所有的鸡蛋放在一个篮子里，可以分别投资货币基金、债券基金、红利基金、指数基金、股票型基金，碰上股市系统风险，就不至于鸡飞蛋打，损失惨重。

股市火爆，基金在赚钱效应的驱动下，受到热烈追捧，而我却逆向思维，一部分资金采取“定额定投”，此后股市大挫，并没遭遇多大损失。另一部分购买货币型基金，四季度净值增长 1.3%。

尤其要提醒投资者，做基民最忌恐惧与贪婪，做基民也是有风险的，不能将手中所有的存款都用来投资单只基金。当基金净值出现波动时，如果不急需用钱可持有等待至合适时机赎回，损失只是暂时的，耐心持有必有厚报。

投资基金首先应当做好长期持有的准备。

4.2 月光族利器——基金定投

很多年轻人在刚刚迈入社会的时候都有一颗投资理财的心，但是奈何月月光使得这部分年轻人打消了投资理财的念头。

作为年轻的投资理财者，虽然每个月的节余不多，如果选择合适的理财工具和投资方式，不仅能培养起理财习惯，而且可以积累一笔不小的财富。

定期定额基金就是一种十分适合年轻人的投资理财工具。

由于定期定额投资是在固定时间间隔以固定金额投资基金，一般可以不在乎进场时点。

小张是刚从学校毕业的学生，他的第一份工作在一个并不大的创业公司，每月只有 2800 元的收入，这份收入只能够保证维持他每个月的基本生活。

小张并不是一个资深的投资理财爱好者，虽然他有储蓄的习惯，但是，他并不满足于储蓄投资带给自己的收益，此时他便想到通过基金投资使自己的资金滚动起来。不过他的心中十分苦恼，因为作为基金投资小白的他，并不知道应该通过怎样的手段进行更加方便的基金投资理财。

此时，在朋友的指点之下，小张选择在某基金公司投资了一笔定投基金，开启了基金定投投资之路。

4.2.1 何为基金定投

一般而言，基金的投资方式有两种，即单笔投资和定期定额投资。基金定投是定期定额投资基金的简称，是指在固定的时间（如每月 8 日）以固定的金额（如 500 元）投资到指定的基金中，类似于银行的零存整取方式。

华尔街流传这样一句话：“要在市场中准确地踩点入市，比在空中接住一把飞刀更难。”如果采取分批买入法，就克服了只选择一个时点进行买进和卖出的缺陷，可以均衡成本，使自己在投资中立于不败之地。

由于基金“定额定投”起点低、方式简单，所以它也被称为“小额投资计划”或“懒人理财”。

相对定投，一次性投资收益可能很高，但风险也很大。由于规避了投资者对进场时机主观判断的影响，定投方式与股票投资或基金单笔投资追高杀跌相比，风险明显降低。

基金定期定额投资具有类似长期储蓄的特点，能积少成多，平摊投资成本，降低整体风险。它有自动逢低加码、逢高减码的功能，无论市场价格如何变化总能获得一个比较低的平均成本， 因此定期定额投资可抹平基金净值的高峰和低谷，消除市场的波动性。只要选择的基金有整体增长，投资人就会获得一个相对平均的收益，不必再为入市的择时问题而苦恼。

4.2.2 基金定投的优点

基金定投适合懒人和投资新人理财，它的优点显而易见。

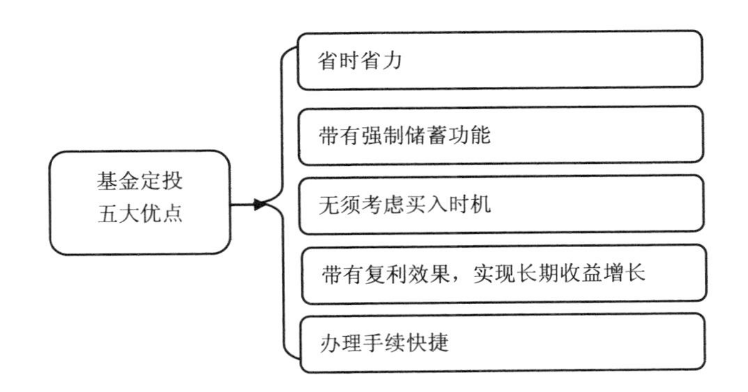

1. 基金定投省时省力

办理基金定投之后，代销机构会在每个固定的日期自动扣缴相应的资金用于申购基金，投资者只需确保银行卡内有足够的资金即可，省去了去银行或者其他代销机构办理的时间和精力。

2. 基金定投带有强制储蓄的功能

投资者可能每隔一段时间都会有一些闲散资金，通过定期定额基金投资计划所进行的投资增值（亦有可能保值）可以“聚沙成塔”，在不知不觉中积攒一笔不小的财富。

3. 投资者无须考虑买入时点

投资的要诀就是“低买高卖”，但却很少有人在投资时掌握到最佳的买卖点获利，为避免这种人为的主观判断失误，投资者可通过“定投计划”来投资市场，不必在乎进场时点，不必在意市场价格，无须为其短期波动而改变长期投资决策。

4. 基金定投带有复利效果

“定投计划”收益为复利效应，本金所产生的利息加入本金继续衍生收益，产生利滚利的效果。随着时间的推移，复利效果越来越明显。

定投的复利效果需要较长时间才能充分展现，因此不宜因市场短线波动而随便终止。只要长线前景佳，市场短期下跌反而是累积更多便宜单位数的时机，一旦市场反弹，长期累积的单位数就可以一次获利。

5. 基金定投手续办理便捷

各大银行以及证券公司都开通了基金定投业务，基金定投的进入门槛较低，例如工商银行的定投业务，最低每月投资 200 元就可以进行基金定投；农业银行的定投业务，基金定投业务最低申购额仅为每月 100 元。

投资者可以在网上进行基金的申购、赎回等所有交易，实现基金账户与银行资金账户的绑定，设置申购日、金额、期限、基金代码等进行基金的定期定额定投。同时，网上银行还具备基金账户查询、基金账户余额查询、净值查询、变更分红方式等多项功能，投资者可轻松完成投资。

随着科技水平不断提高，投资者投资能够选择的方式越来越多，不少平台也相继开展了基金定投业务。其中，不能不提的就是微信理财通和支付宝的基金定投服务。

微信理财通是腾讯财付通与多家金融机构合作运行的平台，能够为用户提供多样化的理财服务。在微信理财通平台上，金融机构作为金融产品的提供方，负责金融产品的结构设计和资产运作，能够为用户提供全面且合法的服务，保障用户的合法权益。

随着微信理财通的不断升级，现已上线“爱定投”服务专区，能够为用户提供“懒人式”理财服务。微信理财通的这一专区凭借操作便捷、产品丰富、可定时定额自动买入、灵活赎回等优势，将用户所有基金定投计划通过“爱定投”进行管理，为用户实现更好的理财管理服务。

支付宝在理财投资工具方面已经十分成熟，自然不会落后，在“支付宝—我的—总资产—基金”界面就有定投基金的选项。如果用户是第一次购买支付宝中的基金，需要如实填写自己的财务信息，以便系统推荐合适的基金。随后可以选择其中推荐或者自选的基金作为定投的目标。

说到底，基金定投也是强制储蓄的一种方式，投资理财亘古不变的法则就是坚持，坚持的时间越长，个人收益也就越高。

4.2.3 基金定投误区

基金定投的优点显而易见，但是在投资过程中不少投资者对于基金定投存在着一定的误区。

1. 误区一：任何基金都适合定投

基金定投虽能保证投资者平均成本，并且能够有效地控制风险，但并不是所有的基金都适合定投。债券型基金收益一般较稳定，定投和一次性投资效果差距不是太大，而股票型基金波动较大，更适合用定投来均衡成本和风险。

因此，能够看出并不是所有类型的基金都适合定投，是否能够定投基金，投资者应当通过调查具体分析。

2. 误区二：定投只适合长期投资

定期定额投资基金虽便于控制风险，但在后市不看好的情况下，无论是一次性投资还是定投均应谨慎，已办理的基金定投计划也应考虑规避风险的问题。基金定投不能按月傻投，需要随机应变，若指数从定投时已下跌 1000 点，可将定投数额翻倍；若还是持续下跌又下跌了 1000 点，则再每月投入额再翻一倍。

以此类推，若发现大盘持续反弹可暂停定投，若只是下跌时的反弹而不是指数反转，则可以在相对高位减掉部分仓位，待指数下跌到低点时再将减掉的仓位补上，这样可以加大底部仓位，更有效地降低平均成本。

3. 误区三：扣款日可以设定为任意一天

基金定投一般情况下采用每月固定日扣款的模式，但因为有的月份只有 28 天，如 2 月，为防止 27 号或者 28 号两日为周六和周日，所以定投基金一般全年的固定扣款时间为每月的 1 号至 26 号，也就是说，一些希望用定投基金方式进行存款的投资者，应当将自动扣款时间确定在有能力支付款项的日期。另外，扣款日如遇节假日将自动顺延，如约定扣款日为 7 月 8 日，但如果次月 8 日为周日，则扣款日自动顺延至 9 日。

4. 误区四：只能按月定期定额投资

一般情况下，基金公司设定基金定投只能按月投资，但是仍有部分基金公司规定，投资者所定投的基金可按周、按月、按双月或季度进行投资，并不必按月定期定额投资。

多数单位工资一般分为月固定工资和季度奖。如月工资仅够日常之用，季度奖可以投资，就适合按季投资；如果每月工资较宽裕，或年轻人想强迫攒钱，则可按月投资。

因此，定投基金是否按月投资或者根据基金公司不同采取其他方式，投资者应当在选择定投基金之前做好调查，并且根据自身的投资需求与资金条件进行选择。

5. 误区五：漏存、误存后定投协议失效

投资者有时会因为忘记提前存款、工资发放延误及数额减少等因素，造成基金定投无法正常扣款，这时有的投资者认为这是自己违约，定投就失效了。

实际情况是，部分基金公司和银行规定，如当日法定交易时间投资人的资金账户余额不足，银行系统会自动于次日继续扣款直到月末，并按实际扣款当日基金份额净值计算确认份额。只要在月末之前把钱存入，就不算违约。

但是，如果投资者当月没有将钱存入，则记为违约一次，如果违约三次就算协议失效，投资者将不再享有定投资金的权利。

如果投资者选择按周定投，则漏存一次记为违约一次，连续三次违约协议失效。

6. 误区六：定投金额可以直接变更

一般情况下，按照基金公司的规定，投资者在签订定期定额投资协议后，约定投资期内不能直接修改定投金额。

如果投资者想变更定投基金的金额，则只能到代理网点先办理“撤消定期定额申购”手续，然后重新签订《定期定额申购申请书》后方可变更。

各银行的网上银行业务可以随时方便地修改投资金额和扣款时间。

7. 误区七：基金赎回只能一次赎清

有不少投资者以为赎回资金时只能将所持有的定投基金全部赎回，但是，定投的基金可以选择一次性全部赎回，也可选择部分赎回，或将部分资金进行转换。例如，当资金需求的数额小于定投金额，则投资者可以需要多少资金赎回多少资金，其剩余的份额可继续作为基金持有。

8. 误区八：赎回后定投协议自动终止

有很多投资者认为定投的基金赎回后，定投合约将会自动终止了。其实

不然，根据基金公司的合约规定，基金即使全部赎回，但投资者之前签署的投资合同仍有效，只要投资者银行卡内有足够金额及满足其他扣款条件，此后银行仍会定期扣款。

因此，如果投资者想要彻底取消定投基金计划，除了赎回基金外，还应到定投基金的销售网点填写《定期定额申购终止申请书》，办理终止定投手续，或者主动连续三个月不满足扣款要求，以此实现自动终止定投业务。

4.2.4 基金定投的风险

基金定投是引导投资人进行长期投资、平均投资成本的一种简单易行的投资方式。但是，基金定投并不能规避基金投资所固有的风险，不能确保投资人获得收益，更不是替代储蓄的等效理财方式。

首先是基金定投也要面对市场风险。定投股票基金的风险主要源自股市的涨跌，而定投债券基金的风险则主要来自债市的波动。如果股票市场出现类似 2008 年那样的大幅度下跌，即使是采用基金定投的方法，仍然不能避免账户市值出现大幅度暂时下跌。例如，从 2008 年 1 月起采用基金定投方法投资上证指数，期间账户的最大亏损是 −42.82%，直到 2009 年 5 月，账户才基本回本。

其次是投资人的流动性风险。国内外历史数据显示，投资周期越长，亏损的可能性越小，定投投资超过 10 年，亏损的概率接近于零。

但是，如果投资者对未来的财务缺乏规划，尤其是对未来的现金需求估计不足，一旦股市低迷时期现金流出现紧张，可能被迫中断基金定投的投资而遭受损失。

再次是投资人的操作失误风险。基金定投是针对某项长期的理财规划，是一项有纪律的投资，不是短期进出获利的工具。

在实践中，很多基金定投的投资者没有遵照设定的纪律进行投资，在定投基金时也追涨杀跌，尤其是遇到股市下跌时就停止了投资扣款，违背了基金定投的基本原理，导致基金定投的功效不能发挥。例如，2008 年由于股市大幅亏损，许多基金定投投资人暂停了定投扣款，导致失去了低位加码的机会，定投功效自然不能显现。

最后是将基金定投等同银行储蓄的风险。基金定投不同于零存整取，不能规避基金投资所固有的风险，不能保证投资人获得本金绝对安全和获取收益，也不是替代储蓄的等效理财方式。如果投资者的理财目标是短期的，则不适宜选用基金定投，而应选用银行储蓄等本金更加安全的方式。

综上所述，基金定投相对于一次性投资而言，不需要选择买入时机，降低了投资基金的难度，对普通的中小投资者有利。但在具体的基金投资操作过程中，还需要投资者对定投风险有充分的理解和把握，从而规避基金投资中的风险，以免造成不必要的损失。

基金定投就像强制储蓄，可谓是月光族的储蓄神器。

4.3 如何进行基金定投

所谓定期定额买基金，前文已经对其进行了介绍，指的是投资者约定每月扣款时间和扣款金额，由销售机构（包括银行和券商）在每月约定日从投资者指定资金账户内自动完成扣款和基金申购申请的一种长期投资方式。

这种投资方式特别适合年轻人使用。首先，年轻人没有时间理财，而“定期定额”买基金类似于“零存整取”，只要去银行或证券营业部办理一次就可以了。其次，很多年轻人对证券市场知之甚少，而利用定期定额方式投资基金可以平均成本、分散风险。最后，很多年轻人因需要支出的项目多，月节余不多，也不稳定，而定期定额计划的门槛非常低，起点一般为 100 元至 300 元不等，此外，投资者可以选择按月扣款，或者按双月或季度进行扣款。这样的扣款方式几乎不会给这些低薪的投资者带来额外的金钱压力，还能使其养成积少成多的理财好习惯，有助于使小钱变大钱，以应付未来对大额资金的需求。

不少投资者都希望通过基金定投这种方式，强制自己进行理财投资。不得不说，基金定投的确是一种十分适合低收入、缺乏理财意识的投资者进行投资的理财工具。那么，基金定投的具体操作流程又是怎么样的呢？

4.3.1 基金定投方式

在购买定投基金之前，首先应当了解定投基金的操作方法。一般情况下，基金定投的方式有两种：通过签订定投协议进行定投、自主手动操作。

通过签订定投资协议进行定投又名定投协议，是指投资者可以通过签定协议，由销售机构扣款。定投协议这种方式不仅省心方便，操作简单，而且定投起点低，现在市场中大多数协议定投基金的起点通常为 100 元、200 元等。

签订定投协议的渠道有以下三种：

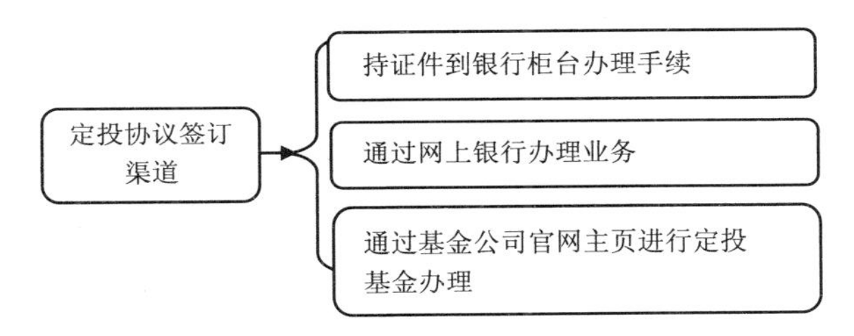

其中，通过基金公司官网主页进行定投基金办理往往能享受到最大的手续费的优惠，并且办理并不复杂，只需要开通指定的网上银行后直接到基金公司官网主页网上办理，对于新手投资者来说这种方式也是最值得推荐的一种方法。

但是，通过签订定投协议进行定投的购买方式又有一定的缺点。这种基金定投的方式缺少灵活性，往往定额又定时，只有少数的销售机构开通变额变期，对于投资者来说，一旦发生意外情况便不容易周转，较为不便。

自主手动操作进行基金定投，是指投资者自行选购所需定投的基金。这种自主手动的方式灵活性强，投资者能自主决定投资份额与时间，易于把握市场机遇，能够有效地控制市场风险。

当然，自主手动的操作同样有一定的缺陷。该操作的缺陷是需要投资者费心，需要牢记定期并且进行操作。同时，自主手动操作的有效性受投资者自身能力影响。此外如果是场外申购，每次的起点较高，一般为 1000 元，对于很多新手投资者来说无法负担。因此，这种自主手动操作更适合对投资有一定认识与经验、时间充裕的基民。

4.3.2　基金定投步骤

下面讲解一下定投基金的具体操作步骤，以便投资者在选购定投基金的过程当中更加顺利。

第一步，新手投资者在选购定投基金时，可以选择投资成本低、并且定投方便快捷的银行进行投资。

目前，市面上有很多银行开征银行卡年费、小额账户管理费，由于基金定投是一项类似于“零存整取”的小额长期投资方式，如果不能选择一家这些费用有所免除的银行，每年不定期还要扣减这些费用，对于小额的投资者来说，缴纳这类费用肯定不划算。同时，定投缴费是否方便也是投资者定投基金的一个非常重要的考虑因素，投资者可适当选择就近且服务优良的网点，建议可以多考虑本单位工资代发银行或平时办理理财业务较集中的银行。

第二步，新手投资者在选购定投基金的初期可以尽量使用快捷的个人网上银行。

随着互联网技术的发展，越来越多的基金销售点开设了网上付款功能。而网上银行的安全问题始终是众多投资者望而却步的因素。但是，与此同时，对于一些渴望投资并且思想先进的年轻新人投资者来说，网上银行确实是一种十分快速便捷的方式。

一般情况下，基金定投过程当中，大多银行或网点并不需要投资者开通网上转账功能，所以对安全方面担忧的投资者可以放心。

并且，通过银行渠道进行购买的基金定投既可在银行柜台受理，也可在网上受理，相对于柜面受理而言，网上银行查询方便，修改定投的品种、金额、周期、分红方式以及委托赎回也极为快捷。同时，很多银行开通了免费的账户变动短信通知服务，对于年轻的投资者来说，开通个人网上银行时可以定制短信通知服务，以便更加方便快捷地获悉自己所投资的基金信息。

第三步，选购定投基金之前，投资者需要确定适合定额投资的基金品种。

近些年来，定投基金的投资者越来越多，可是很多投资者并没有将风险较低的债券型基金、货币型基金与波动较大的股票型基金区分开来，因此导致做定投时基金品种选择意识并不强。

基金定投作为一项长期纪律性投资，有利于摊低股票型这类价格波动较大的基金的平均买入成本，而对本身波幅较小的债券型与货币型基金作用并不明显。因此，投资者在选择定投基金时，除了考虑价格波动较大的股票型基金以外，还应该避开波动性较小的债券型或货币型基金，这样才能够更加有效地避免投资中的风险。

第四步，投资者选购定投基金时，应注重基金公司的信誉与整体业绩。

基金定投是一项马拉松式的投资，如果说择时投资还允许有修正的机会，而定投本身就是为了避免过多掺入人为因素而做的纪律性投资，因此，投资者在最初选择定投基金公司时需要审慎地选择一家信誉良好的基金公司，投资者的口碑、行业中的形象与地位，行情突变时基金公司的公告与行为一致性都是衡量一家基金公司信誉的重要标志。

同时，在选择定投基金时，投资者需分析该基金公司的业绩，如果一家基金公司旗下基金的整体业绩表现为大部分产品表现较好，则反映出基金公司具有较高的管理水平与团体协作能力，同时这也能较好说明该公司产品间较难存在利益输送这些暗箱操作。这样的基金公司更加利于新手投资者进行小额定投。

第五步，投资者在选择基金定投的过程当中，最为关键的一步是要明确自身的投资目标，并且做足长期投入的打算。

一般情况下，基金定投的投资者瞄准的都是中长期的投资目标。那么，新手投资者在计划定额投资的过程当中就应当持有耐心。小额定投是否能够获利，关键在于能够持之以恒。同时，投资者应当摆正心态，坦然面对投资中的风险和利润。

同样以小张的基金定投为例，根据银行的基金定投协议规定，小张每隔两个月便会投资 100 元于某一只开放式基金。由此推算下来，小张 1 年之内共投资 6 次该定投基金，总金额为 600 元。

小张每次投资时基金的申购价格分别为 1 元、0.95 元、0.90 元、0.92 元、1.05 元和 1.1 元，则每次可购得的基金份额数分别为 100 份、105 份、111 份、108 份、95 份和 90 份（未考虑申购费），根据投资回报率的计算公式能够得出，小张的投资报酬率则为 $(1.1 \times 611.2-600) \div 600 \times 100\%=12.05\%$。

根据小张的这个案例进行分析，那么不难看出，如果一开始小张即以

1 元的申购价格投资 600 元，当基金净值达到 1.1 元时，投资报酬率最终只有 10%。当然，如果小张是在基金净值为 0.90 元时一次性投资，当基金净值达到 1.1 元时，回报率就有 22.2%。但是，想要把握住这样的低点并不是一件容易的事情，作为新手投资者来说则更加困难。

通过小张的投资案例能够看出，定投基金十分适合这种低收入并且没有过多理财观念的投资者。同时，定期定额买基金不仅适合年轻人，也适合其他年龄段有持续较低收入的投资者，但这一投资方式必须经过一段较长时间才比较容易看得出成效，最好能持续投资三年以上。

平均成本、分散风险，定投基金更加适合年轻人。

第5章

加速滚雪球前，了解你的风险喜好与承受力

每个人对风险的承受能力都是不相同的。一些投资者追求高风险、高回报的投资模式；一些投资者只希望在能够接受的风险范围内将损失降到最低；而一些投资者却只希望自己的本金不受损失。面对不同心理的投资者，所需制订的投资方案也不尽相同。在投资前，投资者应当对自身的风险喜好和风险承受力做出准确的判断。

本章主要内容包括：

- 投资必须面对的风险
- 因人而异的风险承受力
- 风险态度
- 了解自己的风险承受等级

5.1 投资必须面对的风险

在滚雪球的过程中，如果雪道上有树枝、玻璃等杂物，雪球会被刺破碎裂，导致前功尽弃。雪道上的树枝、玻璃等杂物相当于投资风险，如果不能有效地管控投资风险，不但不能实现财富增值，而且会亏损本金。

没有任何一种投资是完全不具有风险的，凡是投资项目，都或多或少地面对着适当的风险。投资者在选择进入投资市场中时，就应当了解到这一点。那么，投资者了解所要面对的风险，以及了解自身的风险态度便成为了广大投资者首要的问题。

投资人通常要面临以下两种风险：

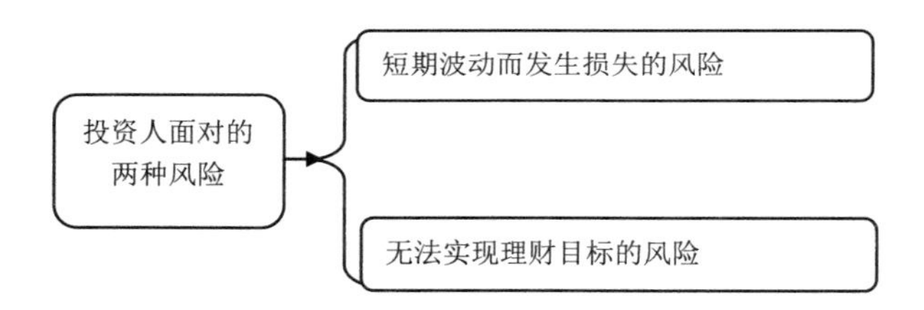

在市场不好的时候，股票可能一整年的收益率都是负的，而几个月或者几周内的波动就更大了。其次，如果基金主要投资于股票，则其回报率波动也比较大。债市也不能完全保证不赔钱，可以说风险随时都会存在。

但是，不要让对短期波动的担忧终日困扰你的身心，否则，你可能因此而忽略了另一种更大的风险：无法实现理财目标的风险。

在投资者实现理财目标的道路上，短期波动会起什么作用呢？短期之内的波动可能使投资者在投资过程中更加保守，也可能使投资者根据基金以及其他证券短期内的业绩表现，进行买卖而不是考虑如此买卖是否有助于实现理财目标。

换而言之，不能只见树木不见森林，投资者需要权衡实现理财目标的重要程度和自身可以承受的短期波动之间的关系。

> 每个人在投资之前都会面临一定的投资风险，认清将要面临的风险尤为重要。

5.2 因人而异的风险承受力

一些投资者只想稳中求胜，对待亏损往往无法承受，而一些投资者却迎难而上，勇于去挑战高风险高回报的投资方式，面对亏损时心态十分平和。这就是在投资过程当中，因人而异的风险承受力。

5.2.1 何为风险承受力

风险承受力就是个人所能够承受的最大风险。

风险承受能力要综合考量，与个人能力、家庭情况、工作情况、收入情况等息息相关。例如，拥有同样资产的两个人，一个是没有组建自己的家庭并且没有养育父母的负担，另一个却有儿女与父母要养。

那么，这两个人之间的风险承受能力则相差很多，因为他们所需要考虑的风险有所不同。具体地估算自己的风险承受能力是一件很复杂的事情，需要进行专业的风险承担能力测试。

5.2.2 判断风险承受力

判断风险承受能力，最基础的当然是有钱。对于大部分工薪阶层来说，收入就决定了风险承受能力的基础，而年龄则是决定风险承受力的资本。

1. 收入是基础

首先是收入的稳定性，稳定的收入才能有结余去理财，哪怕这个结余每个月是 1000 元也可以。其次是收入的高低，通常来讲，收入越高风险承受能力就越大。

但是投资者也要注意，无论自身收入高低，投资理财金额所占个人资产的比例，都是判断风险承受能力的关键。

如果投资者年薪百万元，而运用杠杆达到近千万元的理财产品，显然超出了自己的风险承受能力；一些投资者年薪 10 万元，但只用 1 万元去理财，显然远低于自己的风险承受能力。因此，如何能够正确判断自身的风险承受力十分关键。

在这里，我给出的建议是，有投资打算的朋友，除去日常开销、负债和一定的备用现金以外，其余结余要按照理财产品的收益和风险、自身的风险承受能力和收益期望来配置。

记住，当你的收益期望值跟实际风险承受力冲突的时候，你只能优选考虑实际风险承受能力，否则将会造成不可挽回的损失。

2. 年龄是资本

收入是判断风险承受力的基础，而年龄则是风险承受能力的资本。一般来说，年龄越大，其风险承受能力越低。

很多人会有疑问，年纪越大积累的财富应当越多，为什么风险承受力还会降低呢？那是因为，人在青年时期的开支往往较小，人到中年时期开支逐渐增大，随着年龄的增长，身上的责任将会变大，往往在老年时期丧失收入来源时还要应对养老医疗等高昂开支，自然会增大其风险承受力降低。相对来说，年龄越大，选择理财的方式应当也越稳健保守。

伴随岁月的流逝、年龄的增长，人的风险承受能力也是不断下降的，在这样的情况下，投资应该越来越保守才是。显然，不同的人生阶段，有不同的境遇和生活状态，投资组合也相应不同。换句话说，投资应该跟着年龄走。

刚开始接触投资理财的年轻人其实是幸运的。有多少老人会感叹：“年轻真好。”刚开始投资的年轻人不怕跌倒，因为有可以重新站起来的机会，所以更加敢于尝试新的方式方法和工具。虽然在年轻的时候未必有很多资金供自己投资，但是年轻的优势就在于可以多次尝试，最起码，趁着年轻投资能够积累更多经验。因此，年轻人可以在投资组合中配置较高比例的流动性好的风险类产品。

我的小侄女就经常问我如何判断自己的投资风险喜好，如何在成长过程中调整自己的投资组合风险。

我只能说，每个人在不同的人生阶段所面对的理财目标与资金大小都不太一样。如果是像我小侄女那样刚刚步入社会，工作压力较大的年轻人，就可以尽量关注一些积累型的投资方式；等到工作逐渐稳定之后可以尝试一些进取型风险；等到成家立业阶段，则要在投资者方面更加谨慎，保守型就再好不过了。

总而言之，我们在进行资产配置的时候，首先要清楚自己处在哪一个人生阶段，而不是看拥有资产的绝对数量。

5.2.3 风险承受力的分级

风险承受能力评级分五级，见下表。

风险承受能力分级表

A1（保守型）	R1（谨慎型）
A2（稳健型）	R2（稳健型）
A3（平衡型）	R3（平衡型）
A4（成长型）	R4（进取型）
A5（激进型）	R5（激进型）

1. 保守型

保守型风险投资者是指投资人不愿意接受暂时的投资损失或是极小的资产波动，甚至对于投资产品的任何下跌都不愿意接受。

对于保守型投资人来说，最适合的理财组合是无风险理财产品和低风险理财产品。此类产品的利润虽然较低，但是相对风险较低，对于风险承受力较低的保守型投资者来说更为吻合。

2. 稳健型

稳健型风险投资者是指投资人风险偏好较低，愿意用较小的风险来获得稳定的收益，此类投资者愿意承受或能承受少许本金的损失和波动。这类投资者比较适合低风险的理财产品

3. 平衡型

平衡型风险投资者是指投资人愿意承担一定程度的风险，为实现资产升值目标愿意承担相当程度的风险。

这一类型的投资人，比较适合“低风险理财产品 + 高风险理财产品”的组合投资方式，两者互补，既可提高收益，又可降低风险。

在学习高风险理财产品前，一定认真阅读本章内容，了解自己的风险承受能力和风险偏好。

4. 成长型

成长型风险投资者是指有较高承受度的投资人。这一类投资人的主要投资目标是实现资产升值，往往愿意承担相当程度的风险，为了获取高收益承担风险同时，可进行一定的资产组合，选择一些资产更多元化的平台投资，将高风险和低风险两两对冲。

5. 激进型

激进型风险投资者能够承受投资产品价格的剧烈波动，也可以承担这种波动所带来的结果。这一类投资者的投资目标主要是取得超额收益，此类投资者能够承担相当大的投资风险和更大的本金亏损风险。

> 面对风险，承受力因人而异，找准自己的风险承受力最重要。

5.3 风险态度

风险承受能力考量的是投资人的客观条件，如收入和年龄；风险态度考量的是投资人的性格和风险偏好程度。将风险承受能力和风险态度两者结合起来考量能得出投资人的风险承受度。

所谓风险态度是指人对风险所采取的态度，风险态度一般分为三种：风险厌恶、风险中性和风险偏好。

风险厌恶者选择资产的态度是，当预期收益率相同时，投资者内心偏好于具有低风险的资产。而对于具有同样风险的资产，投资者则更加倾向于具有高预期收益率的资产。

风险中性者通常既不回避风险，也不主动追求风险。此类投资者选择资产的标准是预期收益的大小，而不管风险状况如何，对于风险的态度较为平和。

风险偏好者通常主动追求风险，喜欢收益的动荡胜于喜欢收益的稳定。这些投资者选择资产的原则是，当预期收益相同时，选择风险大的，因为这会给自身的投资理财带来更大的利益。

每一个人面对风险的偏好都有所不同，对待风险的态度也都不尽相同。一部分人可能喜欢大得大失的刺激，另一部分人则可能更愿意“求稳”。投资者可以根据自身的投资心理活动，分析自己属于何种类型的风险偏好。

假设两个人风险承受能力相同，而风险态度不同，那么两个人的风险承受等级也不同。

> 了解自己的风险态度，可以帮助你将风险管理的效益发挥到极致。

5.4 了解自己的风险承受等级

在投资前，有必要对自己的风险承受力和风险态度进行评估，帮助自己客观地分析自己的风险承受等级，从而选择适合自己的理财产品，比如，老年人客观上风险承受能力偏弱，即使这个老年人是风险偏好者，也不宜选择股票等高风险理财产品。

下面的答卷可以帮助你了解自己的风险承受等级。

5.4.1 风险态度测试

（1）可容忍投资出现亏损的百分比（　　）

（此题考查对风险投资态度的尺度，此回答将影响后续资金投资配比）

A.1% ~ 5%　　B.6% ~ 10%

C.11% ~ 15%　　D.16% ~ 20%

E.20% 以上

（2）进行投资理财的目的与投资的习惯（　　）

（不同的投资习惯对风险态度有一定影响）

A. 快速投机　　B. 短期波段

C. 价值投资　　D. 抵御通胀

E. 只求保本

（3）对投资风险以及投资所得回报的了解程度（　　）

（此问题考查投资者对于投资理财产品的认识程度，可以根据你的实际情况来对资产进行配置比例）

A. 非常清楚　　B. 略知一二

C. 只听说过　　D. 不太熟悉

E. 不关心

（4）如何看待投资中所出现的亏损（　　）

（此题能够显示投资失败之后的不同心态）

A. 吸取经验　　B. 保持平常心态

C. 略微影响情绪　　D. 比较难以接受

E. 极度焦虑

（5）在投资过程当中或即将进入投资理财领域之后，将会以何种态度对待行情（　　）

（对于行情的关注程度不同间接显示了对盈亏的介意程度，从而反映了你对风险的态度）

A. 偶尔关注　　B. 每月关注一次

C. 每周关注一次　　D. 只看收盘价格

E. 时刻盯盘

（6）如何对待自己的投资绩效（　　）

（自身投资绩效反映了你未来投资业绩的稳定性）

A. 自己掌握全部　　B. 掌握部分绩效

C. 依靠专家把控　　D. 依靠运气

E. 没有财运

以上各问题中，A 选项为 10 分，B 选项为 8 分，C 选项为 6 分，D 选项为4分，E选项为2分。根据总得分的不同，能够估算出投资者对于风险的态度。

得分在 20 分以下为风险厌恶，这类投资者的心理承受能力极差，不宜接触高风险的投资理财工具。

得分在 20 ～ 79 分为风险中性，这类投资者的心理承受能力较差，但是能够通过调整或者某些方式使自己接受一部分投资理财中的风险与损失。

得分在 80 分以上为风险偏好，这类投资者享受投资风险带来的刺激感，相对能够承受更多投资中的损失带来的心理落差。

5.4.2 风险承受力测试

第一部分：基本信息

（1）你的年龄介于（　　）

A. 65 岁以上（0 分）　　B. 18 ～ 20 岁（1 分）

C. 21 ～ 30 岁（3 分）　　D. 31 ～ 45 岁（5 分）

E. 46 ～ 65 岁（7 分）

（2）你的学历为（　　）

A. 高中及以下（1 分）　　B. 中专或大专（3 分）

C. 本科（5 分）　　D. 硕士及以上（7 分）

（3）你的职业为（　　）

A. 无固定职业（0 分）　　B. 一般企事业单位员工（2 分）

C. 专业技术人员（4 分）　　D. 金融行业一般从业人员（6 分）

第二部分：财务状况

（4）你的家庭可支配年收入是多少（　　）

A. 20 万元以下（2 分）　　B. 20 万 ~ 50 万元（4 分）

C. 50 万 ~ 150 万元（6 分）　　D. 150 万 ~ 500 万元（8 分）

E. 500 万元以上（10 分）

（5）你个人目前已经或者准备投资的基金金额占你或者家庭所拥有总资产的比重是多少（备注：总资产包括存款、证券投资、房地产及实业等）（　　）

A. 80% ～ 100%（2 分）　　B. 50% ～ 80%（4 分）

C. 20% ～ 50%（6 分）　　D. 10% ～ 20%（8 分）

E.0 ~ 10%（10 分）

第三部分：投资知识及投资经验

（6）你的投资知识可描述为（　　）

A. 有限：基本没有金融产品方面的知识（0 分）

B. 一般：对金融产品及其相关风险具有基本的知识和理解（3 分）

C. 丰富：对金融产品及其相关风险具有丰富的知识和理解（6 分）

（7）你的投资经验可描述为（　　）

A. 除银行储蓄外，基本没有其他投资经验（1 分）

B. 购买过债券、保险等理财产品（3 分）

C. 参与过股票、基金等产品的交易（5 分）

D. 参与过权证、期货、期权等产品的交易（7 分）

（8）你有多少年投资基金、股票、信托、私募证券或金融衍生产品等风险投资品的经验（　　）

A. 没有（0 分）

B. 有，但是少于 1 年（1 分）

C. 有，在 1 年至 3 年之间（3 分）

D. 有，在 3 年至 5 年之间（5 分）

E. 有，长于 5 年（7 分）

第四部分：投资目标

（9）你计划的投资期限是多长（　　）

A. 1 ~ 2 年（2 分）

B. 2 ~ 3 年（4 分）

C. 3 ~ 5 年（6 分）

D. 5 ~ 10 年（8 分）

E. 10 年以上（10 分）

（10）你投资投资基金、信托、私募证券或金融衍生产品等产品主要用于什么目的（　　）

A. 平时生活保障，赚点补贴家用（2 分）

B. 养老（4 分）

C. 子女教育（6 分）

D. 资产增值（8 分）

E. 家庭富裕（10 分）

第五部分：风险偏好

（11）你的家人或朋友认为你在投资中是什么样的风险承担者（　　）

A. 无法承受风险（0 分）

B. 虽然厌恶风险但愿意承担一些风险（1 分）

C. 在深思熟虑后愿意承担一定的风险（3 分）

D. 敢冒风险，比较激进（5 分）

E. 爱好风险，相当激进（7 分）

（12）以下几种投资模式，你更偏好哪种模式（　　）

A. 预期收益只有 5%，但不亏损（0 分）

B. 预期收益 15%，但可能亏损 5%（1 分）

C. 预期收益 30%，但可能亏损 15%（3 分）

D. 预期收益 50%，但可能亏损 30%（5 分）

E. 预期收益 100%，但可能亏损 60%（7 分）

（13）你认为自己能承受的最大投资收益损失是多少（　　）

A. 10% 以内（0 分）　　B. 10% ~ 30%（2 分）

C. 30% ~ 50%（4 分）　　D. 超过 50%（6 分）

将上述问题所选的选项得分相加，得到的结果对照下面内容，对自己的风险承受力进行评估。

得分在 0 分至 20 分之间为保守型，这类投资者希望本金安全，收益稳定，且不能接受价格的波动。该类投资者不愿意承担风险以换取高收益，并且不太在意资金是否有较大的升值空间。

得分在 21 分至 40 分之间为稳健型，这类投资者希望本金安全性高，收益较为稳定，且能够接受市场较小的价格波动。稳健性投资者在追求低风险的同时，也希望在保证自己投资本金安全的基础之上获得一定的增值收益。

得分在 41 分至 60 分之间为平衡型，这类投资者能够接受适中的市场价格波动，并且通常愿意承担一定的投资风险。平衡型投资者偏好投资兼具稳定性以及保证收益性的投资理财产品。

得分在 61 分至 80 分之间为成长型，这类投资者能够接受较大的价格波动，同时愿意承担较高的投资风险以博得较高的资产收益。成长型投资者偏好于投资兼具成长性以及高收益性为一体的投资理财产品。

得分在 81 分至 100 分之间为激进型，这类投资者能够接受较大的资产市值波动，也能够接受可能会出现的较大投资亏损。同时，这类投资者本身就有能力承担全部收益包括本金可能损失的风险。由于激进型投资者对投资理财的预期收益率较高，则偏好投资高成长性的产品，以寄希望投资较快的增长，尽可能获得最高的回报率。

投资前，需要足够了解自己的风险态度与风险承受力。

第6章

建立激进的投资组合，雪球开始变大

当低风险投资方式不能够满足风险承受力高的投资者时，投资者可以选择更加激进的投资方式。这些投资方式固然会收获极大利益，但是在获利的同时，也为投资者带去了难以估测的风险。

本章主要内容包括：

- 合理的投资组合必不可少
- 激进型投资组合
- 股票投资
- 外汇投资
- 期货投资
- 如何调整投资组合

6.1 合理的投资组合必不可少

无数投资大神都在强调这样一个道理：在投资界，组合投资是提高成功率的手段之一。其中所说的组合投资即投资组合。

6.1.1 何为投资组合

投资组合是由投资人或金融机构所持有的股票、债券、金融衍生产品等组成的集合，目的是分散投资人的投资风险。

其实，大部分人并没有非凡的行业、企业洞察能力，如果投资过于集中，一旦发生风险，则会造成很大的损失，想要重新调整投资的代价往往非常大。因此，投资者即使投资资金很少，也仍应适度分散资金，按标的投资逻辑、投资确定性程度及行业等安排资金比例，做出一个投资组合。

然而，仍旧有不少投资者无法了解投资组合的重要性，不理解投资中为什么需要组合。

6.1.2 为什么要建立投资组合

“不能把鸡蛋放在同一个篮子里”，这个道理相信大家早已耳熟能详。实际上，这正是投资组合的含义，其本质就是在强调投资组合的重点“确定性”。通过投资组合的方式分散风险，降低投资的波动性，可以让投资者在投资之后安然入睡。

举一个简单的例子：假如手里面有 10 万元去投资，而你非常讨厌看到投资的亏损，你能做的是什么呢？答案是组合，分散投资资金。

组合能做什么呢？组合能够极大地降低你单一方向看错造成的影响。比如你看错了黄金，投资黄金亏损了很多，但是你看对了原油，你可以在原油市场上力挽狂澜把亏损赚回来。这是单一投资模式所无法取代的，单一的投资方式如果投错，投资者往往会承受巨大的风险和无法挽回的损失。

投资组合除了能够降低投资风险，更重要的是能够为投资者带来更高性价比的收益。如果投资者靠单一投资方式无法达到投资中最优的那个点，那么往往依靠投资组合反而可以达到。通过投资组合的分散化，能够将投资者的收益扩大，相对少地承担一些额外的风险。

同时，无论以怎样的投资组合进行理财，都需要明确一点：投资应是一种理性的投资，在不影响个人和家庭正常生活的前提下，把实现资产保值增值、提升个人和家庭的生活质量作为投资的最终目标。俗话说“适合自己的才是最好的”，巴菲特能够通过优化的投资组合使自己的资产翻倍，但是他的投资组合方式以及理论并不适合大多数投资者。

既然参考股神不具备很大价值，那么对于大部分对自身投资组合感到迷茫的投资者来说，选择合理的投资组合必不可少。根据不同投资者不同的需求以及风险喜好，能够大致将投资组合分为三种类型：保守型组合投资、稳健型投资组合、激进型投资组合。

本章将剖析激进型投资组合当中的激进型投资组合。与其他两种投资组合模式相比，激进型投资组合的风险性更高，但同时收益也会更高一些。

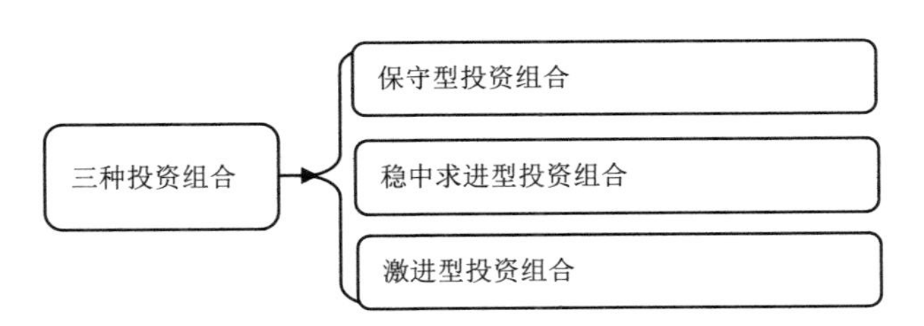

总而言之，组合投资也需要讲求方式，根据自己的风险承受能力及投资偏好选择合适自己的投资组合。当然，投资组合最重要的是“分散风险”，所以一定要有意识地在组合投资时，配置一些风险相关系数低的理财产品，才能更好地实现财富增值。

建立投资组合就是“不要将鸡蛋放在同一个篮子里”。

6.2 三种投资组合对比

与激进型投资组合相比，保守安全型投资组合适合收入不高，且追求投资资金安全的投资者。保守型投资组合投资风险较低，投资收益相对比较稳定。在产品选择上，比较偏向于安全性高、收益低，却资金流动性较高的。

对于保守型组合投资，投资资金的比例建议为：储蓄和保险 70%，其中储蓄占比 60%，保险占比 10%；固定收益类理财 20%；其他投资 10%，比如黄金等。在这类型的投资组合当中，储蓄、保险和固定收益类理财方式都属于收益稳定且风险较小的投资方式，即使投资失败其损失也不会影响到个人或家庭的正常生活。

稳健型投资组合则更加适合那些不满足获取稳定的收益，具有一定抗风险能力、中上等收入，希望能让财富快速增长的个人和家庭。投资资金比例建议为：储蓄和保险 40%；固定收益类理财 20%；股票投资 20%；其他投资 20%。

一般情况下，这种投资组合适合 35 岁左右的投资者，这部分投资者精力充沛，能坦然面对失败且有能力可以继续投资。稳健型投资组合还适合 45 ~ 50 岁的投资者，这部分投资者家庭基本无负担，手头上还有些积蓄，能够承受适当的投资风险。

激进型投资组合更加适合有一定的投资经验、喜好风险、收入丰厚，资金实力雄厚，投资无后顾之忧的人群。

这种投资方式的特点是：风险和收益水平都比较高，而且投资过程中投机的成分比较重。在激进型投资组合当中，投资组合是呈现倒三角形，组合重点是选用股票、外汇等高风险高回报的理财工具。对于这部分投资者而言，投资资金比例可以调节为：储蓄和保险 20%；股票、外汇、期货类投资 50%；房产等其他类投资 30%。

可见，在激进型投资组合当中，股票和外汇类投资占比与其他两种投资组合而言风险较大。在下文中将会对这两种激进投资组合中的工具进行详细讲解。

> 激进型投资组合更加适合适合有一定的投资经验、喜好风险、收入丰厚，资金实力雄厚，投资无后顾之忧的人群。

6.3 股票投资

股票投资具有流动性强的特点，极大地提升了其投资收益水平，使得投资收益率较高。但是，股票交易具有很大的不确定性，高收益同时伴随着高风险。这也使股票投资成为了激进投资组合当中的重要组成部分。

高风险理财工具中，股票相对于外汇、期货普及率更高，所以在大部分激进型的投资组合中，股票能占据 60% 以上。

就我本人而言，我是一位稳健型的投资者，所以股票在我的投资组合中仅仅占了 40% 的比例，我身边有很多朋友都是风险喜好者，在投资中一直使用激进型的投资组合，股票占据了 50% ~ 80% 的比例。

例如，我的好朋友刘某是一位财经记者，在 2001 年之前他的理财工具一直是货币基金、国债等低风险理财工具，2001 年之后他将大量的资金投入股票中。

刘某自 2001 年进入股市以来，从一个纸上谈兵的理论派逐渐地成为了盈利的炒股老手。刘某总结了他十几年炒股经历中的投资原则，这也是他在实战当中总结出来的股票投资策略，向亲朋友好传授，在他成功经验的带动之下，有很多朋友都开启了炒股投资的道路。

关于股票的交易方法、交易理论，已经有很多书很多文章在讲，和讯、金融界等财经网站都提供了股票交易的入门知识，我在这里就不再赘述，我重点描述一下我的好友刘某总结的投资策略，这些投资策略更多地指向于交易心态和投资原则，个人交易心理出现问题会成为股市投资中最大的风险。

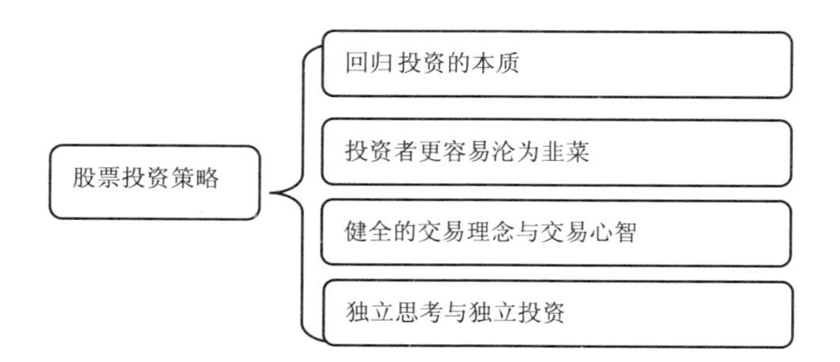

6.3.1 回归股票投资的本质

股市中普遍盛行短线投机、追逐题材股、追逐热门股票，投资者看着大盘起起落落的 K 线图追涨杀跌。股票投资其实是在投资企业，投资者在追涨杀跌的过程中忘了投资的本质。

刘某投资股票的初心是投资企业，在交易过程中始终不忘初心，投资优质企业带给他了优质的回报。

2001 年，正是中国股市由当时的最高峰快速跌入低潮的时候，许多人已经把股票投资当作一个赌场来看待。刘某选择在这个时候入市，着实让周围的人都吓了一跳，不止是我们这群朋友，他的妻子更是十分反对他贸然入市。

刘某始终相信国内会出现具有潜力的企业。面对人们的质疑，刘某问了这样一个简单的问题："茅台上市了吗？没有上市。"原来在此之前，刘某其实已经关注和研究了这个企业有一段时间，并且通过种种数据和报告证明贵州茅台的确是一个非常优秀的企业。

终于，在 2001 年 8 月机遇降临了，贵州茅台成功上市。在贵州茅台刚上市的时候，股价为 30 元左右。刘某用尽了手头的余钱，购入了 1000 股茅台股份。

然而由于大盘整体低迷，在刚上市后不久，贵州茅台的股价就开始下跌，从原本的 30 元跌至 27、28 元，最后一直跌到 21 元、22 元。这时候，刘某的妻子有些沉不住气了，开始劝说刘某把手上的股票赶紧卖掉，算是花钱买了个教训，以免将来产生更大的损失。

但是刘某却有着敏锐的洞察力，并且十分坚定自己的投资方式和投资理念。他认为股票投资中价格的涨跌十分正常，没有必要过分在意一时的得失。

自己手中所持有的股份不能随意变更，也就是说，企业的红利仍旧存在。

相反，当茅台跌到 20 元左右的时候，刘某希望继续增加投入的金额。但当时大多数股票价格都跌到了只有几块钱，周围的朋友都对股票市场持悲观态度。

随后，贵州茅台的优势逐渐显露出来，尽管大盘一路下跌，但茅台的股价经历了下跌之后开始进入持续走高，刘某也一直坚定地持有这支股票。直到 2006 年下半年，茅台从最初的每股 30 元，涨到了 100 元以上。而刘某原先的 1000 股也通过分红送股的方式，变成了 5000 股。

此时，朋友们惊觉刘某在短短的五年之内，让自己原本投资的 3 万元涨至了 50 万元。

直到 2007 年，中国股市的大牛市到来了。许多股票的价格都实现了翻番，有“分析高手”告诉刘某，现在茅台的价格太高了，建议他卖掉之后换其他股票，一样可以赚钱。

为了了解自己投资的这支股票，刘某专程从重庆赶到贵州茅台酒厂去实地考察了一番，甚至还了解到了工人最近是否加班，外面来采购的车子是否要排队等。

最后，刘某得出了这样一个结论：以茅台酒厂现在的生产能力，生产出这种高档的白酒的数量有限，远远满足不了市场需求。也就是表明贵州茅台的股价还有继续上涨的可能性，从长期投资策略来看，茅台集团还有可能为投资者再次带来 10 倍以上的收益。

果不其然，在后期的发展中，贵州茅台的股价走势印证了刘某的话。截至 2018 年 7 月 3 日，贵州茅台的股价已经达到了 694.92 元人民币，并且，贵州茅台上半年股价多次突破 800 元大关，市值也突破万亿元，在 A 股名列第 7。

6.3.2 投机者更易沦为“韭菜”

投资者不应盲目去相信所谓的投资秘诀，因为股票投资根本没有秘诀，也不需要秘诀，在股票投资中最需要的是常识。投资者以常理去判断股票的走势，然后脚踏实地去投资，就足够了，不必去担心股市会整体会出现什么变动或是关心有哪些强势新股。

大部分散户的股票投资行为更接近投机，投资者把注意力聚焦在股市，全神贯注猜测股市动向，毫不关心企业的基本面，这一点正是散户的致命伤。散户一投机，便忘记了筹码背后的价值，极易产生贪婪或恐惧的情绪。

假如某个投资者初入股市，就靠投机而赚一大笔，并不见得就是一件好事。因为在股市中若投机成功，就有可能是失败的开始。投机成功会使初入股市的投资者心生贪婪，并且在贪婪的道路上逐渐沉迷下去，最终亏尽本钱。

纵观整个股票投资市场，在股市中亏本的，几乎都是投机散户。这些散户总是怀抱着一夜暴富的心理，自视过高，以为自己可以战胜市场，经常参与“投机”游戏，最后必定成为“韭菜”，被割得一干二净。

有成就的投资家，没有一个是靠预测“时机”而成功的。股票投资的成败关键，不决定于预测股市动向的眼光，而是决定于生意眼光，“生意眼光”是指洞察上市公司是否有前途的观察力。

6.3.3 健全的交易理念与心智

投资渠道很多，各有千秋，目前来看股票投资是收益较高、风险较高、参与人数最多的一种理财工具，若想在股票投资中获得持久的盈利，“修养”是最重要的，知识或学识属于次要的。所谓“修养”，是指正确的投资理念、恒毅的耐心和平稳的心智等。

如果投资者全力构建知识，完全不懂投资心理，这是舍本逐末，可以预言，无论怎样努力，最终必然徒劳无功。拥有投资股票的基础理论及知识，若再加上“修养”，那么投资者在股市中将有可能占据优势。

作为普通投资者，最难做到的就是建立理性的投资理念。股市对态度正确的人是金矿，对态度错误的人是坟墓；理念正确，有如磁石，财富才会流向投资者。股票投资的目的地就是“财富”，走错方向，无论有多少资金，知识多么丰富，具有多么惊人的耐心，也将一筹莫展，要富起来，难之又难。

投资需要时间才能赚到利润，没有捷径可抄。财富的创造，需要时间，不可能一蹴而就。投资者在投资时形成正确的理念是十分必要的，同时，不应有投机的心理、快速暴富的心态，要真正以脚踏实地的态度，投资于有前途的股票。

6.3.4 独立思考，独立投资

刘某所提供的是一种独立思考的投资方式，对于独立投资者而言，首先养成的一种习惯就是不买热门股、不跟风、人退我进、人追我弃。正如同当所有的人都看坏股市时，刘某迎难而上，从相反的角度去看股市一样，巴菲特曾说“别人贪婪时，你恐惧，别人恐惧时，你贪婪”，就是“独立思考”的最佳注脚。

独立思考、独立投资，虽然说起来容易，但是做起来并非易事，只有极少数（不到 1%）持有价值投资的投资者，才能抓住在谷底买进的良机。刘某始终坚持独立投资策略，耐心等待，在股价暴跌后买进好的银行股，长期持有，长久获得收益。

在制订股票投资策略的时候，如上文所说，股票投资中的动作越少越好。投资者买进时应做长期投资的打算，但要逐季、逐年检讨，不可置之不理。“长期投资”由数个月至数十年，是否继续投资下去，不应由时间决定，而应由公司的表现决定。

股市的波动，就好像时而波涛汹涌时而平静的大海，投资者只看大势即可，股市每天的波动，是波浪，股市的大趋势，是潮汐，不要理会波浪，要注意潮汐。工作和生活不能受股价波动的影响。

众所周知，股票的投资风险较大，收益较高，适合建立激进型投资组合。

6.4 外汇投资

在前文中已经提到，激进的投资组合中外汇投资是其中之一。那么，何为外汇投资呢？简言之，外汇投资是指投资者为了获取投资收益而进行的不同货币之间的兑换行为。

由于外汇投资具有超高的流动性，操作十分容易，并且能够进行全天24小时交易，使得外汇交易已经成为一个热门又时尚的职业，尤其是对于一些喜好风险想要构建激进型投资组合的投资者来说，对于外汇投资更是青睐有加。

我的身边同样有不少朋友都在2010年左右的外汇投资浪潮中进入市场，并且或多或少在外汇市场尝到了甜头。其中，我表弟大学毕业后一直从事国际贸易，每个月换汇结汇使得他对汇率的波动有更深刻的感知，很自然他投入了外汇交易市场中。他认为普通的理财方式例如储蓄、保本投资等根本无法满足他的需求，股票和期货他不懂也没时间去研究，于是外汇交易成了他的主要理财工具。他个人更加偏向于激进型投资组合，于是他配置了40%的保本型投资，60%的外汇。

他用模拟账户进行外汇保证金交易，杠杆设置在10倍左右，模拟账户交易收益率保持在30%左右。2011年他开始正式进行外汇交易，年收益率20%左右。至此，我表弟以外汇和股票投资建立了一个激进的投资组合。

6.4.1 外汇投资市场概况

正所谓“知己知彼百战百胜”，想要进行外汇投资之前，首先应当对外汇投资市场做出充分了解。外汇市场惯常以“FX”或“FOREX”表示，是全球最大的金融市场。

外汇交易是一个真正的24小时全天交易市场。投资者可于星期一凌晨开始至星期六凌晨随时参与买卖。

外汇交易的投资者分布在全球，市场难以被操控，因此市场透明度高。另外，影响外汇市场的因素广泛，包括当地国家中央银行设定的利率、股票市场、经济环境及数据、政策决定、各种政治因素以至重大事件等，这些因素并非单一投资者或集团能操控。

外汇市场是世界经济上最大的金融市场之一，市场参与者包括各国银行、商业机构、中央银行、投资银行、对冲基金、政府、货币发行机构、发钞银行、跨国组织以及散户，因此外汇市场资金流动性极高，投资者不用承受因缺乏成交机会而导致的投资风险。

6.4.2　外汇投资新手入门

现阶段很多进入外汇市场的外汇投资者大多是因为看到别人投资外汇赚了钱，所以自己也想要趁热分一杯羹。但是由于对外汇市场缺乏最基本的认识，不了解新手进入外汇市场应该做怎样的准备，不知道具体如何操作，因此只能盲目地跟在别人后面跑。因此，新手炒外汇了解入门技巧和策略就势在必行了。

实际上，新手炒外汇是比较困难的，因为新手投资者普遍对于外汇投资缺乏相应的知识和技巧，对于外汇市场的不了解也让新手投资充满了风险和不确定性。对于外汇投资新人来说，有四个基本入门步骤：

第一步：了解清楚外汇交易的相关基础知识、名词解释。若是不了解外汇交易的相关基础知识和名词，那么在进行分析时可能会力不从心，不利于看清市场行情。因此，对于外汇基础知识以及基本名词要及时了解清楚。

第二步：看懂各种技术指标分析图。技术指标分析图对于新手了解外汇走势和行情是十分有帮助的，为此，对于常见的技术指标，例如随机指标 KDJ、多控指标 MACD、布林通道 BOLL、还有均线指标 MA 等指标的计算和运用方法、构成原理需要及时了解清楚。当然，对于指标与行情还需要加入自我分析，不能够生搬硬套。

第三步：除了技术指标分析以外，外汇基本面分析同样重要。外汇市场是全球性的，为此，要了解清楚常用的外汇数据分析，对于外汇基本面分析到位有利于及时了解外汇市场行情，能够让投资者从纷繁的市场当中找出有利的出手时机。

第四步：及时总结经验。当投资者对于前三步有了基础铺垫之后，对于外汇市场也有了一定的了解，每次做单之后能够及时总结经验教训，对于下一次操作成功有百利而无一害。如果对外汇风险控制不够自信，可以学习我表弟的操作经验，首先从模拟账号交易开始，设置止损和清仓的边界。

6.4.3　新手投资者须知的外汇投资策略

俗话说“人心不足蛇吞象”，对于外汇投资来说，在市场上很多亏钱的投资者正是因为尝到了外汇的“甜头”，妄想一夜暴富，因此毫无策略性地开始投资外汇。实际上，真正能够在市场中获得高收益的投资者只是凤毛麟角，高收益往往意味着高风险，这也是构建激进型投资组合的意义。因此，在外汇投资过程中掌握正确的方式方法以及投资技巧十分重要。

我表弟在成功的外汇投资过程中，总结出了一套外汇投资策略，我认为十分实用，在此进行总结以供外汇投资者参考。

1. 善用投资理财预算

在外汇理财过程中投资者应善用理财预算，切记勿用生活必需资金为资本。我表弟除了进行外汇投资，还持续保持着储蓄习惯。无论是在外汇投资过程中，还是其他投资的操作中，要想成为一个成功的投资者，首先要有充足的投资资本，如有亏损产生也不至于影响自己的生活，切记勿用自己的生活资金做为外汇投资的资本，资金压力过大会误导自己的投资策略，徒增外汇投资风险，导致更大的亏损。

2. 善于使用模拟账户进行学习

和炒股一样，外汇投资中也可以运用免费模拟账户进行仿真模拟投资，以学习外汇投资的基本技能。外汇投资新人在通过模拟账户学习投资时，要耐心学习，循序渐进，不要急于开立真实外汇投资帐户。

同时，在模拟学习的过程当中，投资者应尽量不与其他投资者做比较，因为每个人所需的学习时间不同，获得的心得也就不同。在仿真外汇投资的学习过程当中，自己的主要目标是发展出个人的操作策略与型态。如果获利概率日益提高，每月获利额逐渐提升，证明可开立真实外汇投资帐户进行炒外汇。

3. 外汇投资不能只靠运气

在外汇投资过程当中，不少投资者都将外汇投资当成是靠运气的冒险，“运气好”的时候就加大投入；“运气不好”的时候就心浮气躁。和所有投资活动一样，外汇投资不能只靠运气。投资者应当提高自己的操作水平，以及外汇投资基本操作技巧。

当投资者获利外汇投资笔数比亏损的外汇投资笔数要多，而且帐户总额为增加的状况，那证明已找到外汇投资的诀窍。但是，若投资者在 5 笔外汇投资中亏损 3000 元，在另一笔炒外汇投资中获利 4000 元，虽然帐户总额是增加的状况，但千万不要掉以轻心，因为这可能只是运气好或是冒险地以最大外汇投资口数的外汇投资量取胜。此时投资者应谨慎操作，适时调整操作策略。

4. 外汇投资讲求手法

只有直觉没有策略的外汇投资是冒险行为：在仿真外汇投资中创造出获利的结果是不够的，了解获利产生的原因及发展出个人的获利操作手法是同等重要。外汇投资直觉非常重要，但只靠直觉去做外汇投资也是不可接受的。

5. 善用停损单降低风险

善用停损单减低风险：当投资者做外汇投资的同时应该确立自己可以接受的亏损范围，善用停损外汇投资法，才不至于出现巨额亏损，亏损范围依账户资金情形，最好设定在账户总额的 3% ~ 10%，当亏损金额已达自身接受限度时，不要找寻找借口试图孤注一掷去等待行情回转，应立即平仓，即使 5 分钟后行情真的回转，也不要惋惜，因为你已经避免了行情继续转坏、损失无限扩大的风险。

投资者必须拟定外汇投资策略，切记是自己去控制外汇投资，而不是让外汇投资控制了自己，以免自己伤害了自己。同时，外汇投资应按照账户金额衡量投资量，不能过度使用外汇投资金额量。

6. 不要让风险超过自身可承受范围

在此记住一个最简单的原则——不要让风险超过原已设定的可接受范围，一旦损失已至原设定的限度，不要犹豫，要立即平仓。

6.4.4　外汇投资时期

投资者在外汇投资的过程中，往往会经历不同的时期，在各个时期当中所具有的心理以及经验都是截然不同的。只有投资者经历这样由新手到老手的投资阶段，才能够真正获得外汇投资的成功。在这里，我通过对我表弟的外汇投资案例进行分析，将外汇投资所需经历的过程分为以下三个不同的时期：

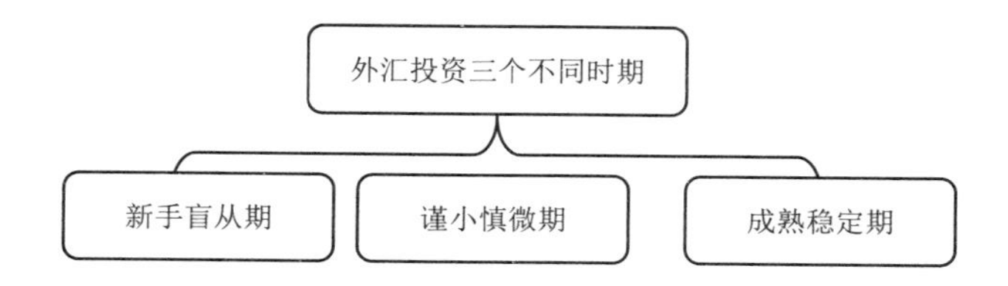

1. 新手盲从期

很多初入外汇投资市场的朋友，对投资市场抱有不切实际的幻想，怀着一夜暴富的心态，或听道听途说，或被劝诱，而在自身没有充足充分的准备下踏足外汇市场场。

处于这一阶段的人大致有：对外汇市场的风险一无所知或知之甚少，完全不懂得资金管理的人；或者是技术分析水平有限，操单往往凭道听途说或所谓的专家指导的人。

新手盲从期的投资者由于实际操作经验不足，遇突发事件易惊慌失措。当遇亏损时，不会合理地调节心态，不肯放弃手中所剩无几的利润。

处于这一阶段的外汇投资者，表现往往是频繁进出且进出单量大，大输大赢。特别是在初有斩获时，这种现象就更明显。

处于新手盲从期阶段的外汇投资者，最后往往是以惨败为结局。

2. 谨小慎微期

谨小慎微期又称动摇期，处于这一阶段，许多外汇投资新手已经经历了外汇市场的风雨不定，也在外汇市场中受过打击。在失败的教训下，这部分投资者的经验和技术日趋成熟并逐渐老成，对各种做单技巧的掌握亦趋于熟练，对预想范围内的失误与损失也有了相当的承受能力。

但谨小慎微型的投资者对于新手阶段的失败耿耿于怀，过于相信技术分析等，热衷于对某些技术信号与技术细节的过细分析，缺乏对大势判断的自信。在这一阶段的外汇投资者眼中，外汇市场到处都是阻力，遍地都是支撑，投资者想下单，又怕在下个阻力位被挡住，始终感到难以下手。即使进单，也是遇阻即跑，难以获得大的利润。

处于这一阶段的外汇投资者往往没有大输大赢，很多盈利往往葬送在自己的失误中。越是这样，越变得谨小慎微。

3. 成熟稳定期

处于成熟稳定期的投资者最大的特点就是心态的平和。对外汇市场中的风浪已习以为常，不再会因外汇市场的波动及一两次的胜负而亦喜亦忧而且对外汇市场有着较强的判断力。

成熟稳定期的投资者能比较详细完整地掌握大动向大趋势，可以忽视对自己目标前的阻力与支撑。处于这一阶段的人，对技术分析已了然于心，但又不迷信技术分析。他们能够细心地掌握外汇市场的风吹草动。在这部分投资者看来，任何的评论与消息，都不过是为己所用的参考，听而不信。

同时处于成熟稳定期的投资者，清楚地知道外汇市场的风险。因此，他们也最知道怎样来保护自己。他们自信却不自大，懂得运用合理的操作手段来规避风险。这样他们才能成为外汇市场的真正赢家。

6.4.5　和讯外汇 App

很多希望进入外汇投资市场的朋友，经历过一段时间四处收集数据的过程。网络上琳琅满目的外汇投资信息平台质量良莠不齐，稍有不慎就会落入无良平台的圈套当中，信息的透明度和准确度也大打折扣。

和其他理财工具一样，外汇投资市场同样风云多变，信息的更迭速度也非常快。我在进行外汇投资的过程中，首选获悉外汇最新消息的工具就是和讯外汇 App。

长期进行投资理财的朋友们对于和讯网并不陌生，在该网站上有大量的投资理财方面的最新动态更新。该平台推出的和讯外汇 App 能获得外汇方面最新消息。

和讯外汇 App 为外汇投资者提供全面、快速的全球外汇行情报价、图形分析、外汇经纪商排行，以及银行外汇理财产品点评等服务。

纸黄金、实物黄金、货币贵金属、国际贵金属、期货交易所、商品交易所，亚洲、美洲、欧洲、非洲、中东股市行情一应俱全，能够有效帮助投资者抓住投资机会。

此外和讯外汇 App 还提供影响汇市的相关大数据，如非农数据、初请数据、GDP、PPI、CPI、PMI、银行利率等，并且其历史数据能够详细呈现，为投资者投资策略提供准确的参考依据。

和讯外汇 App 数据更新及时，外汇牌价实时查询，外汇比价可自行设置基准货币，查看支持此币种交易的银行的中间价、钞买价、汇买价、钞卖价、汇卖价价格，银行牌价中可自行设置选择银行查看美元、日元、欧元、英镑、港币、韩元、瑞士法郎、澳元、加拿大元、新台币、泰铢、新加坡元、新西兰元、印度卢比等买入卖出价格。

和讯外汇 App 实时更新汇率数据，能够自如地切换全球 160 多种货币。不止如此，和讯外汇 App 还将提供免费的专业级历史汇率功能，既是专业的汇率查询手机应用，也是功能强大的货币计算器，快捷进行购汇、结汇、外汇间兑换、外汇储蓄可以根据需要实时查询，人民币对外币、外币对外币买入卖出价格换算细致、便捷。

和炒股一样，外汇投资中也可以运用免费模拟账户进行仿真模拟投资，以学习外汇投资的基本技能。

6.5 期货投资

前文中提到，构建激进投资组合中，股票、外汇、期货等类投资占比很高。其中，期货投资更是风险爱好者的舞台。

期货投资是相对于现货交易的一种交易方式，是在现货交易的基础上发展起来的，通过在期货交易所买卖标准化的期货合约而进行的一种有组织的交易方式。严格来说，期货并非一种商品，而是标准化的商品合约。

与股票投资以及外汇投资相比，期货收益更大，相对应的期货投资的风险非常高，对于建立激进型投资组合起到极为重要的作用。

我的另一位朋友小方是典型的风险爱好者，平日里就对期货投资十分感兴趣，作为个人投资者进入期货市场已经两三年了，并且自称看了很多高水平的期货书籍，对各种分析方法理论都很熟悉，对于名师、高手的实操技法可谓滚瓜烂熟，甚至道氏理论、甘氏理论、波浪理论等等也说得头头是道，期市格言也倒背如流。但是，几年下来，在复杂的期货市场中翻滚多年，他的交易结果却很糟糕。他常常向我抱怨，不知道自己期货投资的问题出在哪里。

我也和小方聊过几次，和他交流经验之后，我才发现，虽然小方对于期货投资的技法、操作说得头头是道，但是对期货交易的基本知识并不十分了解，甚至可以说是一纸空白。我惋惜地告诉小方，即使知道再多高手技法，基础不扎实仍旧无法领悟期货投资的精髓，所谓的技法也只能是纸上谈兵。

6.5.1 期货投资风险分析

期货投资在成为热门投资项目的同时，也暴露出了其投资风险，在上文也提到其风险甚于股票投资与外汇投资。正因期货投资高收益高风险的特征，使其成为构建激进型投资组合的一部分。

其中，期货投资的主要风险有：

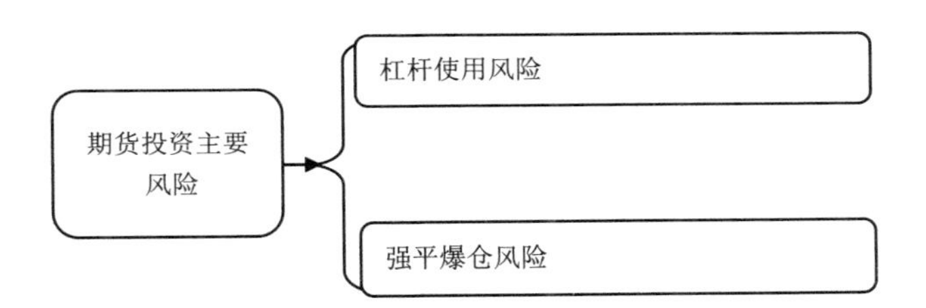

杠杆使用风险是指，在期货交易当中，杠杆所带来的资金放大功能使得收益放大的同时也面临着风险的放大，因此对于10倍左右的杠杆应该如何用、用多大，也应是因人而异。投资技巧成熟的投资者可以加入5倍甚至更高倍数的杠杆，而投资技巧生疏的投资者则应适当降低投资中的杠杆。

交易所和期货经纪公司要在每个交易日进行结算，当投资者保证金不足并低于规定的比例时，期货公司就会强行平仓。有时候如果行情比较极端甚至会出现爆仓即亏光账户所有资金，有时还需要期货公司垫付亏损超过账户保证金的部分。

6.5.2 期货投资实战理论

了解期货投资的风险之后，如何能够将期货管理彻底融入自身的投资组合当中，这就需要在实战操作当中找到适合自己的方法与策略。

小方也将他自己这些年的期货投资理财经历向我进行了详细的介绍，通过对小方的期货投资经验进行分析，我将期货投资理论中的实战技法总结为以下四点：

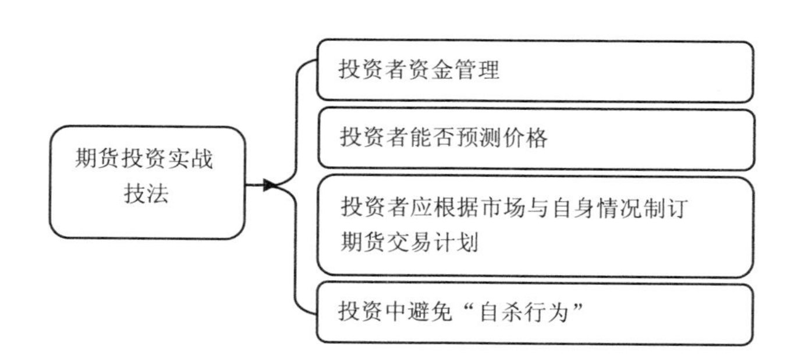

1. 资金管理

资金管理是成功投资的关键。期货交易的目的就是为了挣钱，是为了使一定数量的资金生成更大数量的资金，以获取投资收益。

潜在的盈利是能够承受亏损风险的函数。每个期货交易者都应该设立能够承受风险的资金标准。然后，他应该根据投资收益的设想建立交易目标。如果他的目标是年收益为 20% 的话，他就应确定一种计划和风险水平；如果他的目标是年收益为 100% 的话，他就应设计另一种不同的计划和风险水平。所有的交易都应该与资金状况以及它们对目的的潜在作用相关联。

2. 预测价格

正确预测价格是成功投资的前提，其实不论是期货投资还是其他不同的投资理财方式，投资者都应当学习如何预测价格。商品价格是变化的，盈利和亏损就在这些波动中发生。商品价格是真实的，它是市场供求力量的反映，因而才有均衡价格。因此，期货交易成功的核心是预测价格。市场作为一个整体对价格进行预测，当前价格则是市场参与者的综合预期。

当市场一味趋向某一种趋势，达到登峰造极的时候，可以说市场处于错误之中。投机者正是利用别人的失误获利，由于自身的错误而亏损。

不同类型的期货交易者运用不同的预测方法。“抢帽子者”感兴趣的是下一个价位跳动，下一个指令是买还是卖。趋势交易者就不一样，他关心的是 1 个月或 3 个月的中长期趋势。每一种预测方式都要求不同形式的交易和不同的资金管理方法。每个投资者都应了解自身的预测技巧及其限度，不要超越。

所有的价格预测都是不确定的，但是确定性水平是有程度的区分的。必须对确定性水平进行评估，并把它与交易中的资金分配联系起来。这种预测和资金管理的相互影响需要每一位投资者极为耐心地关注。就像一台机器一样，在按动启动开关之前，所有系统都好；一旦按下启动开关，那只手就可能受到失败的威胁。但是，令投资者感到欣慰的是：投机的机会多的是。假如一个投资者仅利用相关商品价格波动的 20% 进行交易，他就能赚取游戏中的大部分盈利。问题不是要找事情做，而是要避免做错事。

6.5.3 制订期货交易计划

期货交易是一项风险性很高的投资行为，是一场没有硝烟的战争。不打无准备之战，是每一个投资者都必须遵循的。一个妥善的交易计划需要包含以下五个方面的考虑：

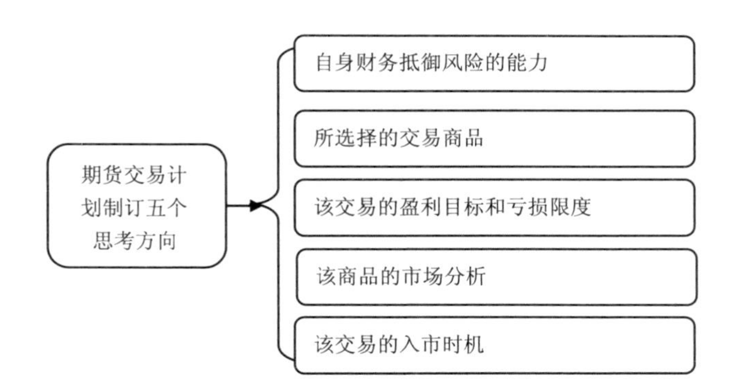

1. 自身的财务状况

和其他的不同种类投资方式一样，在期货交易过程当中，投资者自身的财务状况决定了其所能承受的最大风险，一般来讲，期货交易投资额不应超过自身的流动资产的 50%。因此，交易者应根据自身的财务状况慎重决策，以免在期货投资过程当中受到严重损失。

2. 所选择的交易商品

不同的商品期货合约的风险也是不一样的。一般来讲，投资者入市之初应当选择成交量大、价格波动相对温和的期货合约，然后，逐渐熟悉一个期货品种，做到对这个品种有非常透彻的了解。因为，人们很难掌握各种期货品种的情况，与市场中所有的智慧挑战。

3. 制订盈利目标和亏损限度

在进行期货交易之前，必须认真分析研究，对预期获利和潜在的风险作出较为明确的判断和估算。一般来讲，应对每一笔计划中的交易确定利润风险比，即预期利润和潜在亏损之比。

通用的标准是 3 ： 1，也就是说，获利的可能应 3 倍于潜在的亏损。在具体操作中，除非出现预先判断失误的情况，一般应注意按计划执行，切忌由于短时间的行情变化或因传闻的影响，而仓促改变原定计划。同时，还应将亏损限定在计划之内，特别是要善于止损，防止亏损进一步扩大。另外，在具体运作中，还切忌盲目追涨杀跌。

交易策略是一门艺术，交易者应灵活使用各种策略，以实现“让利润充分增长，把亏损限于最小”的目的。

4. 市场分析

交易者在分析商品价格走势时，时刻都要注意把握市场的基本走势，这是市场分析的关键。许多投资者容易犯根据自己的主观愿望去猜测行情的错误，市场在行情上升的时候，却去猜想行情应该到顶了，强行抛空；在行情明显下降时，却认为价格会反弹，贸然买入，结果越跌越深。

5. 入市时机

在对商品的价格趋势做出估计后，就要慎重地选择入市时机。有时虽然对市场的方向做出了正确的判断，但如果入市时机选择错误，也会蒙受损失。在选择入市时机的过程中，应特别注意使用技术性分析方法。一般情况下，投资者要顺应中期趋势的交易方向，在上升趋势中，趁跌买入；在下降趋势中，逢涨卖出。如果入市后行情发生逆转，可采取不同的方法，尽量减少损失。

6.5.4 避免“自杀行为”

在期货投资过程中，投资者会陷入很多误区，小方跟我说，在他的投资过程中曾经遇到很多失败，他将这些失败的经历称之为“自杀行为”。小方总结了自己曾经遭遇的失败：

（1）交易资金不足，造成正确的预测没有机会发挥作用；

（2）以很小的价格变动进行交易，账户被手续费吃光；

（3）超出投机者能力交易，或是交易那些并不了解的品种；

（4）急于获利而拖延了止损，直至元气大伤。

小方承认在这些导致失败的行为背后，隐藏着自己以及大部分投资者所具有的四种弱点：缺乏向市场挑战的坚强性格，承认自身错误、离开市场时极为懦弱，缺乏吃苦耐劳的精神以及贪婪。

期货投资并非迅速致富的坦途，而是一条艰苦的、充满荆棘的崎岖小道。期货投资是把金钱、工作和技巧结合在一起，获得比一般利益多的回报的方式，这也正是投资的根本所在。总之，期货交易是一种需要智慧、勤奋和自律的游戏。投资者必须培养一种成熟的交易心理，才能在期货交易中立于不败之地。

与股票以及外汇相比，期货投资的风险更大，适合有投资经验、风险承受能力较强的投资者。

6.6 如何调整投资组合

有很多进行股票投资理财的朋友，每日无心工作，将全部心思放在股票走势当中，恨不得每一分每一秒都关注着股票的动态，稍有不顺就会立刻调整自己的投资组合。

以我个人的投资经历而言，在构建好自己的组合后，没有必要频繁地检查自己持有的组合，这样做不仅耗时，还很可能会导致追求短期表现，从而交易频繁，发生不必要的费用和税收。经验表明，“懒惰”的投资者往往比这类“勤劳”的投资者获益更多。

建议投资者每半年或者每季度应当检查一下自己手中持有的投资组合，其目的主要是找出是否存在问题及需要采取的调整手段。

6.6.1 检查自己的投资组合

1. 确认资产配置组合与投资目标是否相符

从自身现有的资产配置出发。如果自身股票比例离你的最佳配置比例仅有较小的偏差，比如说 2%，你就不需要对此进行任何调整。

一般而言，最成功的投资者通常是交易最少的人，尤其是国外考虑到税收因素时。但是当你的股票比例离你的目标配置比例有 5% 以上的偏差时，那么你就需要考虑对此进行调整了。即使投资者的投资目标没太大变化，所持基金的投资策略变化或各品种市场表现不同都会造成持有组合的资产配置发生变化。所以投资者应先检查自己的投资目标和持有组合的资产配置是否发生变化、二者之间的差距多大、发展方向如何，然后依此判断是否需要调整及如何调整。

2. 检查投资品种的相对业绩表现

投资者每季（或每半年）有必要回头看看自己组合中贡献最大及拖累最大的品种分别是哪些，也可以与自己要求的回报率相比，找出那些偏差较大的品种。这里有两点要注意的：一是，不要太看重短期表现，建议选取今年以来的回报或者一年以来的回报作为依据；二是，不要简单地把投资于表现差的资产转移到表现好的上，主要看其实际价值与价格的相对位置，比如一些超跌的品种反而应该增持，它们在下半年很可能存在更大的机会。

6.6.2 调整自己的投资组合

当投资者发现随着时间及市场的变化，当初的投资组合已不能很好地符合自己的投资目标时，就必须对原有的投资组合进行调整。在调整时应该注意以下几点：

1. 不要在短时间内做大幅度的调整

如果所需调整较大，投资者最好不要一次性地调整到位，而要制订一个计划，在预定的时间段内（如一年）分步调整。这样可以避免发生买进的资产类别正好快被抛售的风险。但投资者如果发现自己目前组合中股票基金配置过多（尤其是高风险的股票基金过多）且与自己的投资期限不匹配了，则应越早调整越好。

2. 注意调整技巧，减少不必要的成本

如果调整不是很急切，投资者可以通过配置将来的新增资金来达到调整的目的。如用新增资金买入较多的需要增加的资产类别，同时减少或者不买那些需要降低比重的资产类别，这就可以避免直接卖出要降低比重的资产类别来买入要增加的资产类别而发生的相关成本（包括交易成本及税收）；即便投资者暂时没有增加资金的打算，也可以将一段时间内所有所持基金的分红集中起来投资于所需增加的资产类别，而不是简单地再投资于原有基金品种。

3. 将品质不佳的卖出

在一定要卖出原有品种来调整组合时，投资者首先考虑的就是那些表现不佳的品种。但要注意不能仅根据其绝对收益率来衡量其表现，而要将其与同类风格的品种相比较；而且不能以一个月或三个月这样短的时间段来衡量其表现，要卖出的应该是那些长期表现不佳的品种。另外，投资者要密切关注相关信息，比如基金公司管理层或研究团队发生巨大变化、相关费率上升、

投资策略变更较大、发生丑闻等，投资者在选择卖出品种时应考虑这些“基本面”发生剧变的基金。

要注意在股票操作过程中，投资者反其道而行之的情况很多。他们会持有亏损的股票希望能翻本，同时卖出获利的股票，把资金又投入亏损的股票上用来摊低成本。他们希望靠此可以锁住获利股票的利润。殊不知那些屡创新高的股票总是倾向于再接再厉，而那些下跌的股票通常会继续下跌。

4. 精选资质好的替代品种

在投资者需要增加新的基金类别，或者在同一类别里用更好的品种来替换已有品种时，要注意基金的投资风格在很大程度上影响着基金表现。成长型基金通常投资于成长性高于市场水平的、价格较高的公司，而价值型基金通常购买价格低廉、其价值最终会被市场认同的股票。平衡型基金则兼具上述两类投资的特点。

不同投资风格的基金，由于市场状况不同而表现不同。通常，大盘价值型基金被认为是最安全的投资，因为一来大盘股的稳定性要比小盘股好，二来当投资者担心股价过高而恐慌性抛售、造成市场下跌时，价值型股票的抗跌性较强。小盘成长型股票的风险则通常较大，因为其某个产品的成功与否，可以影响公司成败；同时由于其股价较高，如果产品收益未能达到市场预期，股价可能会有灾难性的下跌。

5. 养成再平衡的习惯

通常有两种方法可以达到再平衡的效果——或者你可以进行定期再平衡，比如说每年 12 月份；或者你可以在你的组合严重偏离你的目标时进行再平衡。我的建议是把这两方法合二为一。尽管我认为每年对你的基金组合进行深入的评价很有好处，但是不要养成频繁交易的习惯。我建议每年对你的基金组合进行全面评价，但是只有在组合严重偏离你的目标时才进行再平衡。

> 时刻检查、调整自己的投资组合，是将收益“滚”得更大的必备条件。

第 7 章

杠杆投资，雪球倍数级变大

古希腊科学家阿基米德有这样一句流传很久的名言："给我一个支点，我就能撬起整个地球。"在物理学中足见杠杆原理的强大。投资过程中的杠杆原理，同样是以小博大的理论，用小部分资金撬动大部分资金，从而实现利润呈倍数级增长的趋势。

本章主要内容包括：

➢ 投资中的杠杆原理

➢ 杠杆投资

➢ 杠杆理财工具

➢ 杠杆 ETF

7.1 投资中的杠杆原理

与物理学中的杠杆原理有所不同，金融投资中的杠杆原理是金钱与金钱的碰撞。杠杆交易就是利用小额的资金来进行数倍于原始金额的投资，以期望获取相对投资标的物数倍的收益率，当然也有可能亏损。

杠杆交易中投资者用自有资金作为担保，从银行或经纪商处提供的融资放大来进行交易，也就是放大投资者的交易资金。融资的比例大小，一般由银行或者经纪商决定，融资的比例越大，客户需要付出的资金就越少。

还记得在第 6 章中我提到的我的好朋友刘某吗？他在股市投资初期大获全胜，对于自己的炒股技巧十分自信。与此同时，他常常向我感叹自己的资金不足，否则一定可以收益更多，资产过百万元也是指日可待的事情。

随后，刘某经人介绍之下了解到了一种配资业务，该产品承诺用户可以用 10 万元的金额借取使用 20 万元的金额。刘某再三考虑之下，认为自己有能力获益，因此办理了该项业务，同时投入了 10 万元的资金。

刘某获得了 30 万的本金之后，在第一年的投资过程当中，所投资的股票股价上涨了 30%，即所投资的 30 万元一共收获了 9 万元的利润，还掉 20 万元的借款以及所需支付的 2 万元利息，刘某在一年之内净赚 7 万元。

当他跟我说起的时候，我算了一笔账，通过这样的方式，在杠杆的帮助之下，这位朋友手头的 10 万元资金一年内净赚 70%。这着实是一笔不小的收益，而刘某自然也十分欣喜，并且打算按照这样的方式继续以小博大。

于是接下来，这位朋友以同样的方式在第一家证券公司 A 处通过 10 万元本金获得 20 万元的授信，一共购买了市场价值为 30 万元的股票。随后通过手头的 30 万元的股票到证券公司 B 处，获得了 60 万元的额度，并且立即购买了价值 60 万元的股票。此时，这位朋友的手中已经握有 90 万元的市值。

要知道，在二零零几年的时候，手头拥有 90 万元的股票已经是一笔不小的数目。刘某从杠杆中看到了更大的利益，于是又拿着自己手中的这 90 万元的市值找到了证券公司 C 处，通过该证券公司交易平台的 2 倍数杠杆额度，将自己手中的 90 万元利用杠杆翻至 180 万元。这位朋友立刻用手头的钱做了进一步的投资。此时，这位朋友的手中已经握有市值为 270 万元的股票。

还记得刘某在最开始投入股票市场所用的本金是多少吗？让我们回顾一下他的投资历程：

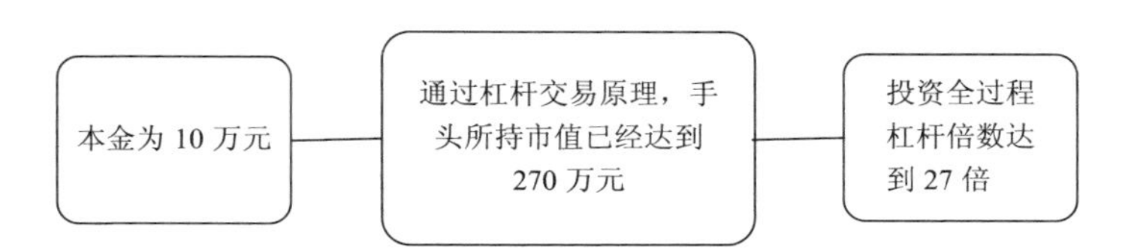

也就是说，一旦市场价上涨 10%，那么这位朋友则能够净赚 27 万元，轻易就能够达到 200% 的收益率。

根据我朋友的案例，足以见得杠杆的力量。朋友在杠杆的帮助下，小额投入获得巨大回报，带给人无限的遐想和美好的希望。这种方式就是以杠杆原理以小博大的最直接的方式。

正如前文所说的那样，在投资理财中加入杠杆，虽然能够获得高利润，但是同时还有可能会承受巨大的风险。

刘某在利用杠杆获得了 270 万元的市值之后，股票市场出现了略微的浮动，市场价整体下跌了 3%。单看 3% 似乎并不是一个很大的数值，但是在 27 倍率的杠杆作用之下，将 3% 叠加在 270 万元上，那么损失达到了 81000 元，从 10 万元的本金中扣除所亏损的金额，则刘某此刻所剩余的本金只有 19000 元，本金的直接亏损达到了 80%。

简单来说，按照刘某最初借助杠杆时的年化率以 10% 亏损率计算，刨除本金一共借款 260 万元，也就是说，短短的 30 天时间之内，即使市场没有再出现大的波动，刘某仍旧会亏损 26%，那么他的资金借用成本一年就将会达到 26 万元。

这个案例足以说明将杠杆效应加入投资理财的过程中，不仅能够快速收到高回报，同时也能够使投资者参与投资时所面临的风险呈倍数增加。

杠杆在放大收益的同时，也在放大投资者的贪欲。当资本市场利好时，杠杆投资这种高收益的模式非常容易冲昏投资者的头脑，从而忽视风险性；等到市场开始下跌时，杠杆的负面效应开始凸显，风险被迅速放大。

因此，对杠杆使用过度的企业和机构来说，容易出现资本泡沫，市场风险被不断放大。在投资理财的过程当中，投资者要正确对待杠杆，杠杆投资不仅可以为投资者带来高收益，同时，它也会使投资者迅速破产倒闭。

对于个人投资者，在投资过程中正确利用杠杆投资，可以让收入猛然翻倍，实现“小资本、大收益”。而在市场环境不好、运用不当的情况下，杠杆投资也能让投资者的投资风险骤然扩大。

用杠杆可以让小资金撬动大资本，杠杆放大收益的同时也放大了风险。

7.2　杠杆投资

前文已经介绍，杠杆投资就是利用杠杆原理进行投资，是利用小额的资金来进行数倍于原始金额的投资。

举一个简单的例子，在利用杠杆原理投资外汇，该投资者交了 5000 元的保证金，如果该杠杆是 2 倍，那么该投资者就可以 10000 元进行投资，此时，与之对应的收益和风险都将会同时放大 2 倍。

如果投资过程中出现了亏损，则直接从投资者的保证金里扣除相应的费用，当投资者的保证金到了一个最低的比例之后，例如 70%，则证明投资者亏损了 1500 元，那么之后所剩的 3500 元之后该投资者将无法再进行交易。

杠杆投资中的杠杆，总的来说是一种通过借入资本寻求更高投资利润的方式。这些利润来自借入资本的投资回报与相关利息成本之间的差额。杠杆投资使投资者收益放大了也面临更高的风险，所以我建议毫无投资经验的投资者尽量不使用杠杆交易。

那么问题来了，借入资本怎么借法？总的来说我们可以把杠杆投资按资本借入形式分为三种：

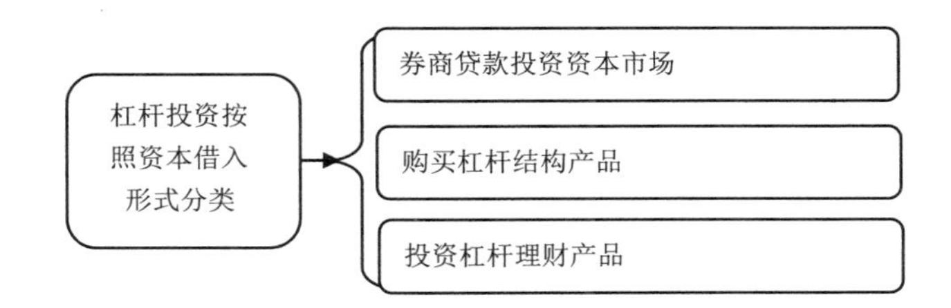

7.2.1 券商贷款投资资本市场

投资者可以通过向证券公司按其透支账户资产总市值的一定比例借用证券公司的资金进行投资，比如购买股票、债券、基金或期货等任意金融产品。这里就需要投资者开设特定账户——透支账户，也叫保证金账户。

前面提到的刘某就是通过向证券公司借钱获得更高的本金投资股票。

向证券公司借钱，投资者需要通过用该账户里的证券和现金进行抵押才能贷款。当然，借来的钱也不是免费的，投资者必须偿还利息。如果你只是日常交易者，这还不是个问题，但假如你是短线交易人，那你甚至需要支付大约 10% 的年利息。说白了，就是券商借钱给你投资。

7.2.2 杠杆结构产品

期权是一项协议，它赋予投资者在特定时间内以一定价格购买股票、债券、商品或其他金融工具的权利，注意是权利而不是义务。

比如投资人购买了某公司 100 份股票的看涨期权，那么这个期权合同就赋予持有人直至指定到期日以协议价格买入这 100 份股票的权利，投资者预计股票的市场价格下跌时也可以放弃买入，投资者损失一定期权费用及佣金，而不会受到由该商品价格跌落导致的损失。这里的杠杆效应来自期权合同自带的大份额交易以及赋予投资者的购买权利，而不是义务。

举个例子来说，某投资人看好某公司股票，以一定期权费用购买了该公司 1000 股股票期权，但并没有支付这 1000 股股票的价钱，一周后该公司股票单价上涨或下跌了 10 元钱，此时会出现下列两种杠杆效应：

（1）虽然每股单价变化并不大，只有 10 元钱，但大份额交易导致总交易额度变化为 10 元钱的 1000 倍——赚得或损失 1 万元（此处暂不考虑佣金及利息）。

（2）最后假如投资者决定要求卖方执行合约，但是资金不够，也还是可以像第一种方式里提到的那样向券商借款买入商品。

> 杠杆投资放大了投资者的收益，但也使投资者面临更高的风险，毫无投资经验的投资者尽量不要使用杠杆交易。

7.3 杠杆理财工具

金融杠杆简单说来就是一个乘号。使用金融杠杆这个工具，能够为投资者起到放大投资的效果，无论最终的结果是收益还是损失，都会以一个固定的比例增加。

所以，在使用金融杠杆这项理财工具之前必须仔细分析投资项目中的收益预期和可能遭遇的风险。

另外，利用该理财工具的投资者还必须注意，使用金融杠杆这个工具的时候，现金流的支出可能会增大。

利用金融杠杆时，投资者需要知道的是，一旦资金链断裂，即使最后的结果可能是巨大的收益，但是投资者在此时仍旧需要提前出局。

7.3.1 期货杠杆效应

期货中的杠杆效应是期货交易的原始机制，即保证金制度。“杠杆效应”使投资者交易金额被放大的同时，也使投资者承担的风险加大了很多倍。

假设投资者投入一笔 5 万元的资金用于股票，交易者的风险只是价值 5 万元的股票波动所带来的。

如果 5 万元的资金全部用于期货交易，交易者承担的风险就是价值 50 万元左右的期货所带来的，这就使风险放大了十倍左右，当然相应得利润也放大了十倍。应该说，这既是股指期货交易的根本风险来源，也是股指期货交易的魅力所在。

7.3.2 外汇杠杆效应

外汇交易也存在杠杆交易，根据外汇交易规则，交易者只需付出 1% ~ 10% 的保证金，就可在投资市场中进行 10 ~ 100 倍额度的交易。更有一些外汇交易平台所要求支付的保证金低至 0.5%，却可进行高达 200 倍额度的交易。

杠杆式的外汇交易对投资者的资金要求非常低，一般情况下能够为投资者提供无限期持有权，再加上杠杆式外汇交易的投资交易方式较为灵活，使得该种投资理财的方式吸引了不少的投资者。

由于亚洲市场、欧洲市场、美洲市场因时间差的关系，连成了一个全天 24 小时连续作业的全球外汇市场。

不管投资者本人身在何方，只要投资者希望进行投资，那么可以参与任何市场、任何买卖时间的交易。可以说，杠杆式外外汇市场场是一个没有时间和空间障碍的投资市场。

杠杆式外汇交易看似本小利大，但是其实质是属于一种高风险的金融杠杆交易工具。一方面，在杠杆式外汇交易当中，按金交易的参与者只支付一个很小比例的保证金，外汇价格的正常波动都被放大几倍甚至几十倍，这种高风险带来的回报和亏损十分惊人。

另一方面，国际外汇市场的日成交金额可以达 1 万亿美元以上，众多的国际金融机构和基金参与其中，各国经济政策随时变化，各种突发性事件时有发生，这些都可能成为汇率大幅度波动的原因。往往存在一些进行外汇交易的大型机构雇用大量人力资源，从各种渠道获得第一手信息，投资团队实时运用分析结果买卖图利。

杠杆式外汇交易保证金的金额虽小，但实际动用的资金却十分庞大，而且外汇价每日的波幅又很大，如果投资者在判断外汇走势方面失误，就很容易全军覆没，一旦遇上意料之外的市况而没有及时采取措施，不仅本金全部赔掉，而且还可能要追加差额。因此，投资者在理财投资的过程中千万不可掉以轻心，在决定加入杠杆倍数时，必须要清楚其中所潜在的风险。

7.3.3 权证杠杆效应

权证的杠杆效应是由权证产品特性所决定的。

假设标的股票2013年价格为10元，标的股票认股权证执行价格为12元，认股权证市价（假设权证兑换比例为1 ∶ 1）为0.5元。投资者如果购买一张认股权证，相当于用0.5元的代价来投资12元的标的股票，如果今后标的股票上涨到15元，则其报酬率（不考虑交易成本）为：

投资认股权证报酬率 =（15−12−0.5）÷0.5×100%=500%

若投资者直接投资标的股票，则其报酬率 =（15−10）÷10×100%=50%

由于权证具有杠杆效应，如果投资人对标的资产后市走势判断正确，则权证投资回报率往往会远高于标的资产的投资回报率。

反之，则权证投资将血本无归。当然，投资者如果将原本买入标的资产的数量，改为以买入标的资产认购权证的方式买入同样的数量，其余部分以现金方式持有，则风险是较小的，因为投资者最大损失是并不太高的权利金。

外汇、期货、权证都是杠杆理财工具，适合有投资经验、风险承受能力强的投资者。

7.4 杠杆ETF

说起杠杆理财工具，特别一提的就是ETF。杠杆ETF是对传统ETF的一种创新，随着金融衍生品市场的发展，境外发达市场开始出现运用股指期货、互换等金融衍生工具实现杠杆投资效果的ETF，即杠杆ETF。

7.4.1 何为ETF

ETF称为交易型开放式指数基金，通常又被称为交易所交易基金，是一种在交易所上市交易的、基金份额可变的一种开放式基金。

ETF指数基金属于开放式基金的一种特殊类型，它结合了封闭式基金和开放式基金的运作特点，投资者既可以向基金管理公司申购或赎回基金份额。同时，又可以像封闭式基金一样在二级市场上按市场价格买卖ETF指数基金份额。然而，申购赎回必须以一篮子股票换取基金份额或者以基金份额换回一篮子股票。

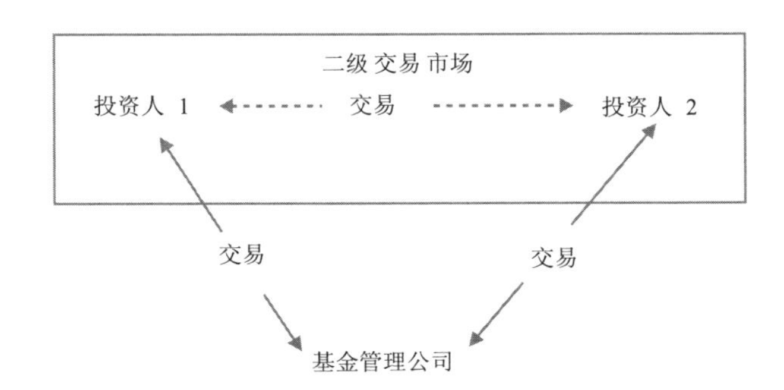

由于在市场当中同时存在证券市场交易和申购赎回机制，投资者可以在 ETF 指数基金市场价格与基金单位净值之间存在差价时进行套利交易。套利机制的存在，使得 ETF 指数基金避免了封闭式基金普遍存在的折价问题。

根据投资方法的不同，可以将 ETF 指数基金分为指数基金和积极管理型基金。国外绝大多数 ETF 基金是指数基金，而目前国内推出的大部分 ETF 基金也多为指数基金。

ETF 基金指数基金代表一篮子股票的所有权，是指像股票一样在证券交易所交易的指数基金，其交易价格、基金份额净值走势与所跟踪的指数基本一致。因此，投资者买卖一只 ETF 指数基金，就等同于买卖了它所跟踪的指数，可取得与该指数基本一致的收益。通常采用完全被动式的管理方法，以拟合某一指数为目标，兼具股票和指数基金的特色。

7.4.2 ETF 的优势

ETF 指数基金能够分散投资并为投资者降低投资风险。

被动式投资组合通常较一般的主动式投资组合包含较多的标的数量，标的数量的增加可减少单一标的波动对整体投资组合的影响，同时借由不同标的对市场风险的不同影响，得以降低投资组合的波动。

ETF 指数基金同时结合了封闭式与开放式基金的优点。

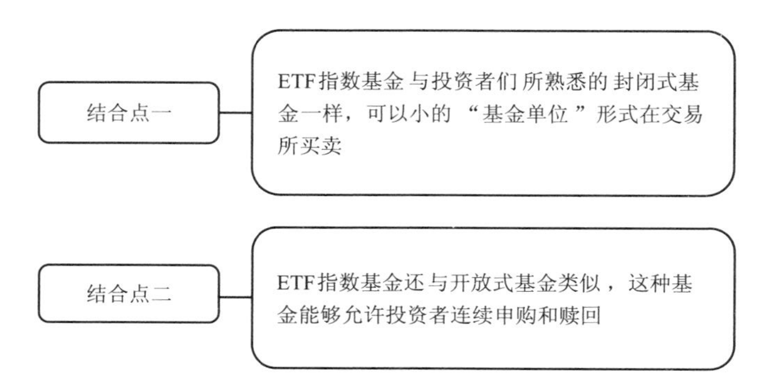

但是值得注意的是，ETF 指数基金要求在投资者投入资金达到一定规模后，才允许申购和赎回。ETF 指数基金在赎回的时候，投资者得到的并不是现金，而是一篮子股票。

ETF 指数基金与封闭式基金相比，相同点是都在交易所挂牌交易，就像股票一样挂牌上市，一天中可随时交易，二者有以下两个不同点：

ETF 指数基金与封闭式基金的差别

	ETF 指数基金	封闭式基金
透明度	透明度更高，由于投资者可以连续申购或者赎回，则要求基金管理人公布净值和投资组合的频率相应加快	透明度低
溢价	ETF 指数基金由于具有能够连续申购或者赎回的机制存在，净值与市值从理论上来说不会出现太大的溢价情况	净值与市值从理论上来说会出现较大的溢价情况

ETF 指数基金与开放式基金相比，也具有两个明显的不同点：

ETF 指数基金与开放式基金的差别

	ETF 指数基金	开放式基金
透明度	ETF 指数基金在交易所上市，并且在一天中投资者可以随时交易赎回	一般开放式基金每天只能开放一次，投资者每天只有一次交易机会，即申购或者赎回
溢价	ETF 指数基金的赎回时是交付一揽子股票	开放式基金往往需要保留一定的现金应付赎回 开放式基金赎回的是现金

根据 ETF 指数基金与封闭式基金和开放式基金的对比，总体而言我们可以总结出 ETF 指数基金的以下几个优势：

（1）ETF 指数基金投资往往具有管理费及低交易成本的特性。一方面，投资代理方会根据指数成分变化来对投资者所投入的金额来调整投资组合，而且无须支付投资研究所需的分析费用。另一方面，指数投资倾向于长期持有购买的证券，而区别于主动式管理因积极买卖形成高周转率而必须支付较高的交易成本，指数投资不主动调整投资组合，周转率低，交易成本自然降低。

（2）ETF 指数基金具有高透明性。ETF 指数基金采用被动式管理，完全复制指数的成分股作为基金投资组合及投资报酬率，基金持股相当透明，投资人较易明了投资组合特性并完全掌握投资组合状况，做出适当的预期。加上盘中每 15 秒更新指数值及估计基金净值供投资人参考，让投资人能随时掌握其价格变动，并随时以贴近基金净值的价格买卖。

无论是封闭式基金还是开放式基金，都无法提供 ETF 指数基金交易的便利性与透明性。

7.4.3 何为杠杆 ETF

杠杆 ETF 是在传统 ETF 指数基金的基础之上进行的一种创新。

传统的 ETF 指数基金通常是指完全被动追踪目标指数、追求与目标指数相同回报的上市 ETF 基金。这种传统基金模式是指当指数上涨时 ETF 价值上涨，指数下跌时 ETF 价值下跌。

目前，传统 ETF 已经为市场广泛认同。但是随着金融衍生品市场的发展，境外发达市场开始出现运用股指期货、互换等金融衍生工具实现杠杆投资效果的 ETF，即杠杆 ETF。

杠杆 ETF，又称作多 ETF，是通过运用股指期货、互换合约等杠杆理财工具，实现每日追踪目标指数收益的正向一定倍数的 ETF 指数基金，该杠杆的倍数能够达到 1.5 倍、2 倍甚至 3 倍。

简单来说，杠杆应用是指当目标指数收益变化 1% 时，基金净值变化可以达到合同约定的 1.5%、2% 或 3% 的收益。当杠杆倍数为 1 倍时，杠杆 ETF 实际上就相当于传统 ETF。

根据目标指数类型的不同对杠杆 ETF 进行分类，能够将杠杆 ETF 分为以下几类：全市场股票指数类 ETF、风格指数类 ETF、行业指数类 ETF、国际指数类 ETF、固定收益类 ETF、商品指数类 ETF 以及货币类 ETF。

杠杆 ETF 指数基金逐渐成为投资界的新潮流，近年来不断推出的新型杠杆 ETF 能够达到双倍或者三倍的杠杆操作，有看多和看空两种类型，投资者能够更加灵活地掌握多空趋势，做到资金的以小博大。

杠杆 ETF 的组合管理还需要根据市场每日波动情况对基金的组合证券和衍生金融工具头寸进行跟踪维护，以保证基金最大限度的跟踪目标指数的倍数。

7.4.4 杠杆 ETF 的特点

与股指期货、融资融券和传统 ETF 相比，无论是资金门槛还是对专业性的要求，杠杆 ETF 的投资准入门槛更低。同时，与股指期货工具相比，杠杆 ETF 无持仓限制，无须缴纳保证金，不需要进行保证金管理，对于投资者而言杠杆 ETF 的操作风险更低。

目前，市面上推出了各式各样的杠杆 ETF 产品，为追求杠杆投资的交易型投资者、不方便运用股指期货或融资融券的投资者及套利者提供了高效、便捷的杠杆理财工具。

杠杆 ETF 基金最大好处是能让投资者不需向券商融资，就能放大资金杠杆、提高资金的使用效率。但同时也要注意，杠杆式 ETF 基金虽然能够为投资者带去高收益，同时也能够给投资者带去高风险。

在过去的一段时间当中，从市场表现来看，收益最高和赔率最高的 ETF 基金几乎都是杠杆 ETF 基金。

说起杠杆 ETF 最大的特点，一定是与传统的 ETF 相比拥有了杠杆效应属性。一般情况下，按照 ETF 的跟踪标的，可将杠杆 ETF 分为宽基指数（股票、债券、货币）、风格指数、行业指数、商品指数或其他杠杆指数系列；如果将 ETF 按照杠杆的大小进行分类，则可分为 1 倍、1.5 倍、2 倍……N 倍；如果按照杠杆的方向分类则有正负之分。

7.4.5 杠杆 ETF 投资管理

随着杠杆 ETF 的概念不断的发展，市面上越来越多的杠杆型 ETF 指数基金产品开始出现，不少投资者看准了杠杆 ETF 的以小博大的特性以及高回报率，因此纷纷考虑投入杠杆 ETF 的投资市场中。那么，应该如何管理杠杆 ETF 投资呢?

第一，确定杠杆 ETF 的投资目标。

杠杆 ETF 通常追求每个交易日基金的投资结果在扣除费用前达到目标指数每日价格表现的正向一定倍数，如 1.5 倍、2 倍甚至 3 倍，但通常不追求超过一个交易日以上达到上述目标。这意味着超过一个交易日的投资回报将是每个交易日投资回报的复合结果，这将与目标指数在同时期的回报不完全相同。

第二，寻找正确且可靠的投资对象。

杠杆 ETF 主要投资于目标指数组合证券和金融衍生工具，其他资产通常投资于国债及高信用等级和高流动性的债券等固定收益产品。以 ProShares 系列为例，其杠杆 ETF 可以投资的证券及金融工具有：股票类证券，包括普通股、优先股、存托凭证、可转换债券和权证；金融衍生工具，包括期货合约、期货期权、互换合约、远期合约、证券和股票指数期权等；国债、债券和货币市场工具；融资融券、回购等。

第三，制订合理的投资策略。

为了达到投资目标，基金管理人通常将采用数量化方法进行投资，以确定投资仓位的类型、数量和构成。基金管理人在投资时不受其本身对市场趋势、证券价格观点的影响，在任何时候均保持充分投资，而不考虑市场状况和趋势，也不在市场下跌时持有防御性仓位。

在过去的一段时间当中，从市场表现来看，收益最高和赔率最高的 ETF 基金几乎都是杠杆 ETF 基金。

第 8 章

防止雪球破裂，止损与控制风险尤为重要

在投资理财的过程当中，最容易出现的风险就是本金亏损，很多投资者在追求投资高利润的同时，希望能够最大化地止损并且控制投资中所将会面临的风险。因此，投资过程中适时止损并且控制投资风险尤为重要。

本章主要内容包括：

➢ 理解风险与识别风险
➢ 止损，截断亏损
➢ 设计止损点与止盈点
➢ 止损失败的原因

8.1 理解风险与识别风险

诺贝尔奖获得者丹尼尔·卡尼曼曾经做过这样一个实验：

使用抛硬币的方式来打赌，如果是背面，你会输掉100美元；如果是正面，你会赢得150美元。这样的赌局，你愿意参加吗？

尽管这个赌局的预期获利比可能的损失大，但实验的结果是大多数人都拒绝参与这个赌局。

因为对于大多数人来说，失去100美元的恐惧比得到150美元的的愿望更强烈，而这就是人性中的“损失厌恶”——失去比得到给人的感受更强烈。

随后，丹尼尔·卡尼曼对这个赌局进行了调整：

同样是抛硬币的方式，首先先给每个参与者1000美元，你可以选择退回500美元，然后拿着剩下的500美元离开，或者你也可以选择抛硬币，正面朝上，无任何损失，直接带着1000美元离开；如果正面朝下，则失去1000美元。这时候，你会如何选择？

最后的实验结果是：大多数调查对象更倾向于抛硬币这个冒险选项。

而卡尼曼进一步阐释了人性中的“损失厌恶”——人们对于损失有着天生的恐惧，为了避免损失，挽回损失而甘于承受投资风险。

投资理财并非一蹴而就，本书中讲解的各类的理财工具以及投资理财组合都需要在实践中得到应用和提升。应该说，投资理财是一个无法预测结果的过程，在这段过程当中会出现各种风险，能否在投资风险当中迎难而上最终获得盈利则显得尤为重要。想要保证自身资产不在风险中受损，且能够在投资理财的过程中获取收益，就需要投资者灵活掌握应对风险的方法。那么，投资理财过程中应当怎样应对风险呢？我认为以下三点尤为重要：

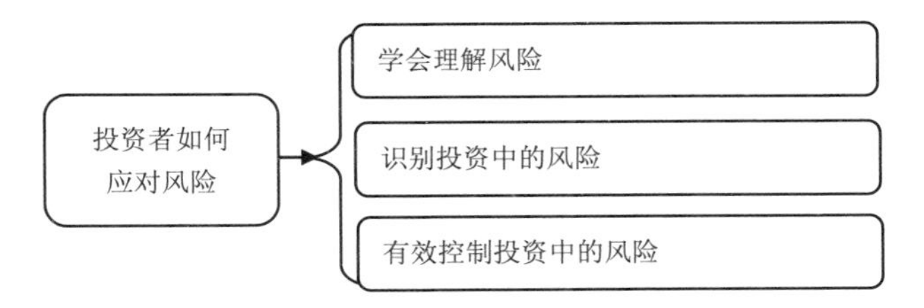

首先，投资者应该学会理解风险。要知道，投资理财势必伴随着一定的风险，而其中所说的风险指的就是永久性损失的概率。损失风险主要归因于投资者的心理期待过于积极，以及由此导致预设的价格过高。

一般情况下，投资理财所遇到的风险在很大程度上是事先无法观察和预测的，除了经验丰富有非凡洞察力的人以外。但是，往往大多数人会将风险承担视为一种财富增值途径，认为承担更高的风险就会产生更高的收益。

因此，投资者要学会理解风险，不要因风险来临而手忙脚乱，投资者自身要调整理性的心态，从容面对风险，理解风险。其中，理解风险的关键就在于要对风险有明确的认识。

其次，投资者应该学会识别风险。投资当中的风险意味着即将发生的结果其不确定性，以及不利结果发生时损失概率的不确定性。高收益往往伴随着高风险的出现，在高收益的投资组合中选择不规避风险反而蜂拥而上是投资理财风险的主要来源。

无论哪个投资市场都不是一个为单一投资者提供的静态场所，市场受到投资者自身行为的控制和影响，导致投资风险随时都有可能发生变化。因此，在投资过程中不能够一味追求高收益而忽略了其背后所存在的投资理财风险。

投资者要做的是识别风险，掌握正确的投资理财方法，进而降低风险发生的可能性。

最后，投资者应该学会控制投资风险。一位优秀的投资者之所以优秀，正是因为他拥有创造收益的能力，以及同样优秀的风险控制能力。

因此，投资理财中的风险控制是必不可少的。投资者应该根据自身的财务状况，选择适合的投资理财方式，掌握更多的理财技巧，合理的进行投资组合，尽可能地做到控制风险规避风险。

投资理财中的风险是不能避免的，投资理财者唯一能做的就是尽可能地降低其中的风险。这就需要平时多多学习投资理财知识，对自己所选择的理财方式多一些分析和了解，认真对待每一次投资，做好充足的准备工作。

> 投资风险如影随形，认真对待自己的资产，将风险拒之门外。

8.2 止损，截断亏损

投资理财当中处处存在着风险，投资者也可能会犯错，为了应对投资当中可能会遇到的风险，投资者不得不拿起止损的武器。那么，何为止损呢？

止损俗称“割肉”，指的是在投资过程中一旦发生亏损现象，并且触达了“预警线”时，所做出的果断收手撤离以避免造成更大损失的策略性行为。

简单来说，止损就是杜绝出现不可预期、不可承受的亏损，保护好自己的本金，耐心等待市场机会。

止损的目的就在于当投资失误时能够把本金的损失降到最低。而投资之所以与赌博不同，关键就在于前者可以通过止损，把投资损失限制在一定范围之内，使得以更小的代价去博取较大的收益成为可能。

每当做出一个投资决策时，我们都需要根据自身的情况设置好止损，即面对预期中最坏的情况是否可以接受，如果不可以接受，那么走向最坏情形前就要采取措施避免最坏的情况发生。但是，实际上更多人无法很好地制订止损设计，这才使得大部分人遇到风险无法躲避，或者因止损设置不合理导致损失超出预期。

举一个简单的例子，某位投资者预判自己购买的一只股票涨幅能够达到50%，跌幅为5%，这就是一个典型的不合理止损设置。因为股市当中一个正常的跌停板跌幅就已经达到10%，加上交易费、本金占用成本等，投资者面临的下跌损失通常都要大大超过这位投资者所设计的5%。

止损首先能够控制损失。投资的本质就是以小博大，核心在于控制损失，扩大赢利。学习止损是为了增加以小博大成功的概率，止损是面对错误时候的挽救措施。止损最难的在于涉及心性和心态，人往往都有避害心里，当事情不按照自己预期方向前进的时候，大多数人不愿意理性面对不好的结果。

止损还能够用于在投资过程中纠错。我们经常说：“非理性、情绪化的人不适合做投资。”因为这样的人在操作过程中容易受到情绪的左右。投资当中应该根据自己当前的实际情况理性地“止损、纠错”。

止损能够将投资中的损失降到最低。如果说投资中的风险犹如当一个人的脚被狮子咬了之后，如果你试图用手去掰开它的嘴巴，你的手也会被咬了，你越挣扎被咬得越多；那么止损就是面对狮子时最好的选择：放弃脚，这样就可以把损失降到最低，也就是及时止损。

如果说，投资增收、一夜暴富是运气，那么面对被狮子咬时“宁失一只脚，不丢一条命”就是巨大的勇气。

> 止损可以杜绝出现不可预期不可承受的亏损，保护好自己的本金，耐心等待市场机会。

8.3 设计止损点与止盈点

由上文提到的定义，可知止损是投资理财中非常重要的一项工具，投资理财中的止损功能能够让投资者长期停留在交易市场当中，也能够更加容易获得成功的机会。因此设置止损十分必要。

在投资过程中设置止损，有两个至关重要的点：设定止损点、坚持执行止损点。

8.3.1 设定止损点

任何投资都是有风险的，没有稳赚不赔的买卖，所以投资时要时刻提高风险意识，永远不要开启一个没有设定止损的交易。而最基本的风险意识就是在投资之前首先确定自己的亏损底线，也就是设定止损点。

对于投资新手而言，止损点的位置设置更多地是考虑自己的心理承受能力，当亏损超过了自己的忍耐限度之后，就开始止损。具体而言，每个人的心理承受能力不同，止损点的位置也就不同。

例如，有的投资者能够容忍盈利都被亏损掉，而有的投资者当盈利出现

10% 的亏损时，就会焦虑不安，这类投资者可以把止损点设置在盈利亏损 10% 的位置上。有的投资者容忍本金亏损，当本金亏损在 10% 时，内心开始恐慌不安，这类投资者可以把本金亏损 10% 设置为止损点。

对于成熟的投资者而言，更理性的止损点为亏损超过金额一定比例则止损，一般而言资金最大亏损额度为所占用资金的5%-20%，一旦达到亏损额度，无论是何价位立即止损离场。

设置亏损点一定要注意一些要点，首先是这个亏损的比例一定得是经过市场考验的恰当比例，不能过大也不能太小；其次就是在不同的时间点需要采用不同的止损比例，因为不同时间段的市场波动是不同的。

对于技术流派而言，在重要支持位或阻力位被突破后止损，投资者在这个止损点出局的可能性非常高，但是也有不好的一点在于，很多时候一单突破了这个支持位，很可能会迎来反弹，也就是说，经常会出现阻力位或支持位被突破以后价格走势反转的形态。

设定止损点之后，就要果断严格地去执行，不要对自己的选择太过于自信。快速地纠正错误，承认自己判断上的失误，是一名合格投资者所应该具备的良好素养。

8.3.2 设立止盈点

与止损相对应的是止盈。止盈，就是在理财工具到达设定的目标价位时卖出，例如买入股票的价格是 15 元，当股票涨到 30 元时就卖出，30 元就是止盈点。

止盈有两个层面的意义，一是在于见好就收，锁定收益，而不是要求盈利达到最高。二是防止利润回吐，由于一些不确定的因素或者其他原因，某些产品会出现波动，这时，在信息不够明朗的情况下，我们应该进行适当的止盈，从而防止利润回吐。

如果说止损克服的是内心的恐惧，那么止盈克服的是内心的贪欲。

相对而言，止损的设置比较简单，参考的因素要么是心理承受能力、要么是资金亏损比例，要么是技术指标，这些都相对可量化，设置好之后坚决执行就能完成止损。止盈可没那么简单，因为追求利润最大化是人的本性，利润达到多少才算是最大化呢？如果没有一个量化的指标，每个投资者心里想的都是利润越多越好。

止盈位就是投资者的心理目标位，我在股票交易时，应用最多的止盈方法是设立具体的盈利目标位，合理的盈利目标位设置主要依赖于我们对大势的理解以及对个股的长期观察。当股价一旦到达盈利目标位时，即坚决止盈，这也是克服贪欲的重要手段。

止盈后可能出现的情形就是股价还在上涨，如果此时过于懊悔，只能说是心态问题，或者说不太适合做风险投资。投资者如果贪心地试图赚取每一分利润，每次都能在最高位置卖出，这是不切实际的妄想，而且风险很大。

但是如果每次止盈后，股价都在上涨，这说明投资者交易技术还有待修炼提高。

止盈中最重要的心理要求就是要有卖出的决心，当股价出现滞涨或回落时，处于盈利阶段的投资者不可能无动于衷，也不可能不了解止盈的重要性，所缺少的正是止盈的决心。因此，投资者在止盈时不能犹豫不决而贻误时机，一定要果断进行停止有可能继续盈利的操作。

快速地纠正错误，承认自己判断上的失误，是一名合格投资者所应该具备的良好素养。

8.4 止损失败的原因

波动性和不可预测性是投资市场最根本的特征，是市场存在的基础，也是交易中风险产生的原因，这是一个不可改变的特征。交易中永远没有确定性，所有的分析预测仅仅是一种可能性，根据这种可能性而进行的交易自然是不确定的，不确定的行为必须得有措施来控制其风险的扩大，止损就这样产生了。

止损是人类在交易过程中自然产生的，并非刻意制作，是投资者保护自己的一种本能反应，市场的不确定性造就了止损存在的必要性和重要性。

成功的投资者可能有各自不同的交易方式，但止损却是保障他们获取成功的共同特征。世界投资大师索罗斯说过，投资本身没有风险，失控的投资才有风险。

学会止损，千万别和亏损谈恋爱。止损远比盈利重要，因为任何时候保本都是第一位的，盈利是第二位的，建立合理的止损原则相当有效，谨慎的止损原则的核心在于不让亏损持续扩大。

既然止损有如此重要的意义，为何投资者常常止损失败？

（1）侥幸的心理作祟：很多投资者尽管也知道趋势上已经破位，但由于过于犹豫，存在侥幸心理，总是想再看一看、等一等，导致错过止损的大好时机。

（2）价格频繁地波动导致犹豫不决：在交易中，投资者由于过去经常性错误的止损会在心理留下挥之不去的阴影，从而会动摇下次止损的决心，而往往在犹豫中错过了止损的最佳时机。

（3）执行止损是一件无比痛苦的事情：执行止损是一件痛苦的事情，是一个血淋淋的过程，是对人性弱点的挑战和考验。

同时，止损中最重要的心理要求就是要有放弃的决心，当价格达到此前自己设置的止损点位时投资者必须果断。我们很多伙伴在止损时往往因为犹豫不决而贻误时机。

投资理财的心态：心态是交易最后能否有效执行的关键，可以说你围绕交易所做的一切努力最终都需要良好的心态来落实。

“先为不可胜，以待敌之可胜。”止损其实需要更大的勇气。

第9章

投资之外，万物生金

除了理财工具之外，生活中常见的很多物品都可以成为一种“生财”的方式。例如贵金属或珠宝，这些物品由于物以稀为贵，而具有免税、保值的特点，同时还具有佩戴、赏玩的功能，相较于股票、基金等投资理财的方式来说，不失为一种有效的理财方式。

本章主要内容包括：

➢ 黄金，避险增值工具

➢ 美丽且增值的翡翠

➢ 典当理财

➢ 投资自己就是最好的投资

9.1 黄金，避险增值工具

黄金长久以来一直是一种避险保值工具，也是具有收藏保值价值的金属物品。由于黄金是一种独立的资源，不受限于任何国家或贸易市场，因此，投资黄金通常可以帮助投资者避免经济环境中可能出现的风险，而且，黄金投资是世界上税务负担最轻的投资项目，对于希望减少投资风险的投资者来说，黄金投资不失为一种绝佳的理财工具。

黄金投资意味着投资于金条、金币、甚至金饰品，投资市场中存在着众多不同种类的黄金帐户。

9.1.1 黄金首饰，既消费又保值

精美的黄金首饰不仅能够具有保值、升值的价值，而且具有极强的观赏作用，在提升个人品位的同时还能够体现魅力。我身边有不少朋友都是黄金首饰的爱好者，常常会与我分享挑选黄金的窍门。

虽然市面上的黄金首饰五花八门，能够买卖黄金的门店也数不胜数，但是仔细划分一下，其实黄金首饰无非分为两大类：

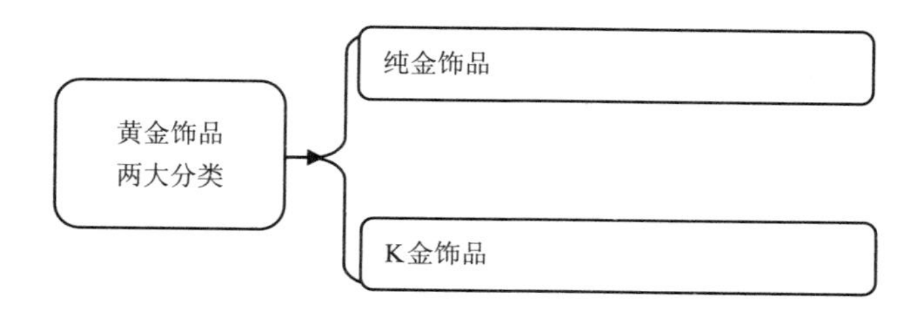

1. “纯金”饰品

“纯金”首饰通常分为足金、千足金，其色泽赤黄，质软，光泽夺目。但是正如俗话所说“金无足赤”，绝对的纯金是不存在的，以现代科学技术

水平来说，可提炼出最高纯度为 99. 9999% 专门用作标准化学试剂的试剂金，只不过由于试剂金的生产成本高昂，仅从饰品的使用价值来说，用试剂金制作饰品意义不大。

纯金饰品极具收藏佩戴价值，也是众多黄金爱好者的首选。

2. K 金饰品

K 金就是指在纯金中加入一些其他金属以增加硬度、变换色调及降低熔点而制成的合金。由于其他金属加入的比例不同，K 金的成色、色调、硬度、延展性及熔点等性质均不相同。

与纯金的饰品相比，K 金饰品的特点是用金量少，成本低，同时又可以配制成各种颜色，且不易变形和磨损。因此，K 金十分适合镶嵌宝石，其打造的饰品牢固美观，并且能够具有鲜艳的色彩，因此 K 金在市面上十分流行。

K 金饰品的颜色比较丰富，目前研究成功的有红色 K 金、橙色 K 金、黄色 K 金、绿色 K 金、蓝色 K 金、青色 K 金、紫色 K 金、灰色 K 金、黑色 K 金、白色 K 金。

同时，由于白色 K 金由于其颜色光泽与铂金相似，因此很多厂商会在 K 金上镀一层铑，做到使其以假乱真，而且由于 K 金的价格远低于铂金，也使其受到了众多饰品爱好者的喜爱。

需要特别提示的是：现如今，市面上售卖的工艺精美的黄金饰品其美轮美奂的造型让一些黄金投资者抱着“越精致越值钱”的想法而购买，其实这样的想法是有误的。如果消费者购买黄金工艺品只是为了欣赏装饰，那另当别论，如果想要以购买黄金饰品的方式进行投资的话，其实并不是最佳的选择。有过黄金饰品购买经验的朋友都知道，在选购黄金饰品的过程中还需要将工艺品的人工雕琢费、中间的劳动力成本合算在购买价格当中，这也就导致不少精美的黄金饰品外观精致、价格高昂，但是其中黄金的含量却不高。加上黄金的价格时时波动，因此不少黄金饰品买进时价格高出重量价很多，卖时是实时的重量计价，非常不划算。

不少投资者并不喜爱佩戴黄金饰品，但仍旧想要购买黄金以达到保值投资的效果，对于有此类需求的投资者，可以选择投资金条。

9.1.2 金条投资

投资金条时要注意最好购买世界上公认的或当地知名度较高的黄金精炼公司制造的金条。这样，以后在出售金条时会省去不少费用和手续，如果不是知名企业生产的黄金，黄金收购商要收取分析黄金的费用。

国际上不少知名黄金商出售的金条包装在密封的小袋中，除了内装黄金外，还有可靠的封条证明，这样在不开封的情况下，再售出金条时就会方便得多。

一般金条都铸有编号、纯度标记、公司名称和标记等。由于金砖（约400盎司）一般只在政府、银行和大黄金商间交易使用，私人和中小企业交易的一般为比较小的金条，这需要特大金砖再熔化铸造，因此要支付一定的铸造费用。一般而言，金条越小，铸造费用越高，价格也相应提高。

投资金条的优缺点同样十分明显：

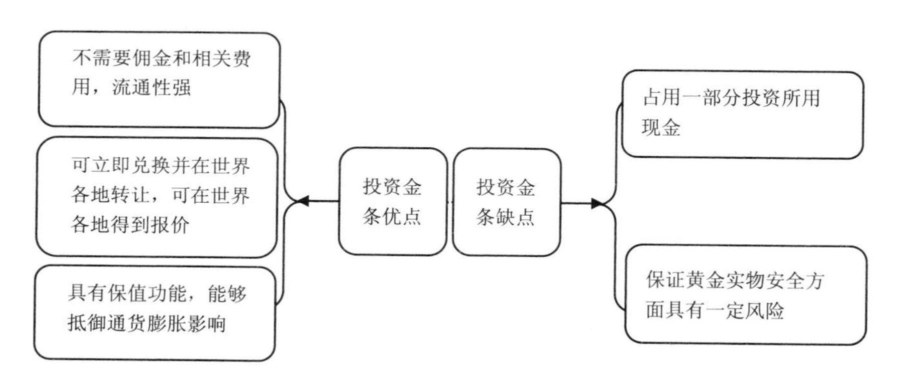

投资者在选购金条时需要注意以下几个方面：最好要购买知名企业的金条，要妥善保存有关单据，要保证金条外观，包括包装材料和金条本身不受损坏，以便将来出手方便。

黄金最大的好处在于避险，不管国际形势如何变化，只要你持有一盎司黄金，100年后你还是会有一盎司黄金。综上所述，金条的雕琢较少，并且能够实物持有，风险等级较低，从投资性及风险性方面综合考评，实物金条应该是最佳的选择。

> 消费与保值并存，实物投资中闪闪放光的黄金投资。

9.2 美丽且增值的翡翠

国人自古爱玉，这一传统起源于儒家思想，《礼记》中甚至有“君子无故，玉不去身”的说法。而后自隋、唐、宋、元、明的数朝迭代，玉石文化已不再只是统治阶级特有的，而成为民间百姓的挚爱。翡翠则有玉中之王的名号，被推崇到极高的位置，这恰恰也是华夏文明千年积淀的结果。

9.2.1 翡翠与玉石

玉石深受人们的喜爱，玉和翡翠看似十分相近，但是仔细研究起来其实二者之间存在着差异。

首先，玉是矿物集合体天然玉石的统称，天然玉石的种类繁多，不同的种类之间因为所含有的化学成分、硬度、密度、折射率会呈现出不同的形态。天然的玉石一般分为硬玉和软玉。

软玉就是硬度低于翡翠的天然玉石。我国目前出产的天然玉石基本上是属于软玉。最具代表性的是和田玉，一种产自新疆的优质软玉，其美丽的外观、细腻温润的手感和它不菲的投资收藏价值，是中国玉中的佼佼者。总而言之，玉包含了翡翠，而翡翠只是玉的一种。

在玉石家族众多成员中，最名贵的当推翡翠。它是一种天然矿石，硬度极高，很多人都以为翡翠是一块通体翠绿的玉石，甚至还有着翡翠越绿越好、绿的面积越大越好的误区。

其实，翡翠的名字是两种颜色合并而成，主要以绿色、红色为主。红色为翡，绿色为翠，故名翡翠。翡翠产自缅甸，翡翠的硬度极高，色泽极好，同时产量又较低。也正是因为翡翠的这些特性，才使其成为“玉中之王”，深受人们喜爱。

9.2.2 翡翠的类别

选择投资翡翠的人常常会担心无法挑选到精品翡翠，怎么辨别翡翠的真假也是一个老生常谈的问题。在市场当中，常常听人提起翡翠的A、B、C货，这究竟又是什么意思呢？

A货：翡翠的A级是指天然的，未经人工改变的质地优良的翡翠，民间也称“活玉”。A级翡翠同时具有保值投资的作用，也是真正具有收藏价值的翡翠。

B货：经过人工“酸洗注胶”的翡翠，一般是用内有黄、黑杂色，透明度又差的低档翡翠加工而成。B级翡翠制作时先用强酸漂洗，使之去脏留绿，增加透明度，然后再用树脂等重新充填加固，使原来的低档品变得晶莹通透，以便以次充好。这种B货翡翠在经过一段较长的时间后就会泛黄，因此保值投资功能不大。

C货：C级翡翠是一种染色翡翠，一般是用无色、浅色及水头较好的低档翡翠经人工染色而成，时间一久就会逐渐褪色。其价格低廉，但却具有很大的欺骗性。而且C货对身体非常有害，更不具有保值投资作用。

9.2.3 翡翠证书

上文介绍了翡翠和玉的区别，以及翡翠的类别。对于普通的翡翠买家来说，最直接能够判断一块翡翠是否是上品的证据就是翡翠的证书，在购买翡翠的过程中，一定要对照翡翠的证书进行详细的检查。

宝玉石鉴定证书应该是一一对应的，也就是说每一件作品都应该拥有一个证书，即使是同一批原料制作出来的物品，外表及其相似，也应当进行区分。如果有商家只能够提供一张鉴定证书，则十分具有造假的可能性。

1. 基本品类信息

国家权威机构出具的翡翠证书，在其鉴定结果一项如果是天然A货翡翠，则结果仅有“翡翠”这两个字，并不会标明“天然”的字样。只有是天然A货，出具结果才会是“翡翠（A货）”的证书。

如果是B货翡翠，在证书的鉴定结果一项会标明“翡翠（B货）”“翡翠

（处理）”“翡翠（注胶）”或“翡翠（优化）”；如果是 C 货翡翠，会标明“翡翠（染色）”；如果是 D 货翡翠，在鉴定证书结果一项中，则出现的是什么代用品，就标明这种代用品的名称——比如“人造玻璃”“岫玉”等。

除了对翡翠级别的鉴定，证书上还会有翡翠的基本物理、光学特征等信息。翡翠本身特有的折射率为 1.66，与其他宝石的折射率不同。同时，翡翠的密度也具有其特性，为 3.33。

2. 常见英文标志信息

CMA：检测机构计量订证合格的标志，具有此标志的机构为合法的检验机构。根据《中华人民共和国产品质量法》相关规定，在中国境内从事面向社会检测，检验产品的机构，必须由国家或省级计量认证管理部门会同评审机构评审合格，依法设置或依法授权后，才能从事检测、检验活动。

CAL：经国家质量审查认可的检测、检验机构的标志，具有此标志的机构有资格作出仲裁检验结论。具有 CAL 标志主要意味着检验人员、检测仪器、检测依据和方法合格，而具有 CAL 标志的前提是计量认证合格，即具有“CMA”资格，机构的质量管理等方面也符合相关要求。可以说具有 CAL 标志的证书比仅具有 CMA 标志的证书要更加可靠。

CNAL：国家级实验室的标志。拥有这一标志，表明该检验机构已经通过了中国国家实验室认证委员会的考核，检验能力已经达到了国家级实验室水平。根据中国加入世贸组织的有关协定，“CNAL”标志在国际上可以互认，例如美国、日本、法国、德国、英国等。

9.2.4 挑选翡翠的标准

挑选翡翠除了要确定证书之外，还能够通过其他的方式判断翡翠的真假以及品质的好坏。

首先，从光泽上看，天然翡翠有玻璃般光泽，而人工处理过的翡翠整体或局部呈蜡烛光泽。其次，人工处理过的翡翠经过酸洗在透射光下观察，其晶体结构松散，矿物颗粒由柱状变成不规则形状或浑圆状，有的甚至变成粉末。再次，人工处理过的翡翠在反射光下能看到一道道网纹。最后，用环氧树脂填充过的翡翠在紫外光下会发出荧光，而天然翡翠在紫外光下无荧光。

但是，这些鉴别天然翡翠和人工翡翠的方法并不一定适用于所有的翡翠，鉴定过程中要灵活运用。购买翡翠时要求卖家开据正规发票和鉴定证书也是我们避免上当的方法之一。

我曾经问过一位对翡翠颇有研究的朋友，究竟应该如何才能够挑选一块称心如意的翡翠。这位朋友也用翡翠投资中的“行话”，具体给我讲解了如何才能够更加精准地判断翡翠的品质。

朋友告诉我，对于翡翠的鉴定确定依据一般来说是两条：

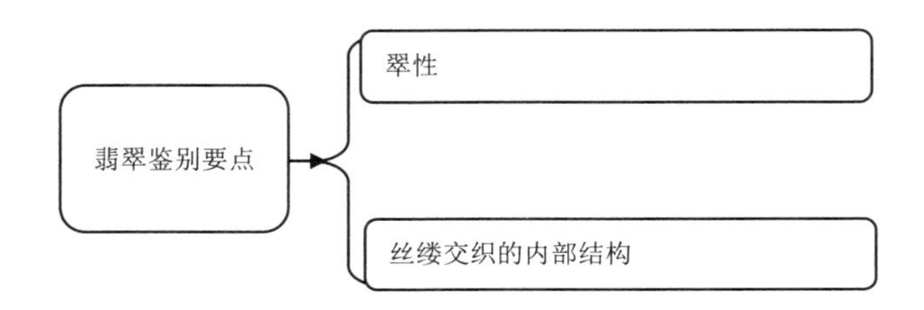

1. 观察翡翠的翠性

用肉眼或十倍放大镜观察翡翠表面或者浅层时，可见到大小不同的片状闪光，这称之为翠性。闪光现象是由于硬玉颗粒的表面反光造成的，观察角度合适时即可观察到翠性闪光现象。

值得注意的是，一些阿富汗白玉等也有星点状的闪光，但是出现在阿富汗白玉中的闪光并不属于翠性。阿富汗白玉的表面片状闪光是均匀的、大小等大的，而翡翠的反光现象是大小不均，长短不一。这需要收藏者在实践中细心学习区分。

如果确认了翠性，那么就能证明它一定是翡翠，但不一定绝对是 A 货，也有可能是 B 货或 C 货。如果通过肉眼可以很容易地看到闪光片，也说明了翡翠的品质不是很高。

翠性是翡翠非常好的鉴定依据，但翠性并非随处可见。翠性在未抛光的翡翠上比较容易发现，在已经抛光的翡翠上，应尽量避开抛光较好的部位，而在抛光不完全或面积较大、不易抛光的部位进行观察。

朋友告诉我挑选翡翠时必须知道的是，种质细腻的翡翠由于颗粒细小，肉眼或十倍放大镜不容易看到翠性，需要采用其他方法才可以确定，因此如果看上一块翡翠一定要通过专业的方式仔细查看。

2. 观察其中丝缕交织的内部结构

透光观察翡翠抛光的成品可以看见特别的翡翠生长纹路，即翡翠颗粒相互结合的边界可以呈现出丝缕交错的现象。这种现象只在翡翠上存在，中低档翡翠上较易看见，而高档翡翠由于结构非常细腻、透明度极好，因此在低倍放大镜下不易观察到内部结构现象。

此时，应配合翡翠内瑕疵的观察，内部瑕疵周围肉眼或放大镜下呈现丝缕交织的现象，即可作为翡翠的断定的依据。

一般来说，在白绵和筋绺处易出现丝状物，只要能够看到丝状物一般情况下即为翡翠。透明度稍好的翡翠一般颗粒较为细腻，翠性不可见，但是透光容易看到丝缕交错的结构现象。

> “君子无故，玉不去身”，翡翠自古备受喜爱，拥有好眼力才能挑出真翡翠。

9.3 典当理财

一提起典当，人们第一时间就会想到一个画面：一位家中贫穷的人将自己最后的家底拿到当铺去典当以维持生计。的确，在不少电视剧中都有这样的桥段。

在古代，典当亦称“当铺”或“押店”，是以收取物品作抵押，发放高利贷的一种机构。我国最早的典当业出现于南北朝，最早有关典当的记载见于《后汉书・刘虞传》：“虞所赉赏，典当胡夷。”旧时典当多以收取衣物等动产作为抵押品，按借款人提供的质押品价值打折扣，贷放现款，定期收回本金和利息，如果到期不能赎取，则质押品由当铺没收。

而在当代，典当逐渐地摆脱了古时留下的度日为艰印象，典当俨然已经具有了不同的意义，典当更多地成为了一种为投资者提供抵押物融资的方式，被赋予了融资理财的功能，因此，选择利用典当理财的人越来越多。

9.3.1 典当的理财功能

正如前文所言，典当因为具有融资功能，所以典当逐渐成为一种理财模式，消费人群从企业家群体扩展到年轻人群体，有许多年轻人将汽车、房产、珠宝首饰拿去典当，以周转资金。

依靠典当理财已经逐渐变成一种时尚，典当理财之所以能够在当代年轻人当中流行开来，主要还是由于典当的四大理财功能。

（1）融资解燃眉之急。融资功能无疑是典当最根本、最吸引人的一大功能。虽然相对银行而言，典当的融资成本要比银行贷款高，但由于典当行对典当人放款对象毫不挑剔，不凭亲疏远近来决定当本、利息，而是根据当物的成色高低、价值大小来开展业务，不像银行等金融机构程序及手续复杂，且数天之内就能拿到现金。

（2）贵重物品保管。由于典当行对于典当物品负有保管的职能，所以很多市民已经巧妙地利用这一职能，解决自己的实际问题。比如外出旅游、出差时，对家中的私家车、珠宝等贵重物品不放心，便可以送典当行质押，仅借质押物品价值的一部分，这样只需付给典当行很低的利息和综合费用，从而解决了贵重物品的安全保管问题。

（3）鉴定功能。要想知道自己拟典当物品的市场价格，可以根据典当评估师给出的可当金额乘以 0.5 ~ 0.7，再加上当金，就是当物的市场价格，对判断该物品的时价有重要意义。如你的家藏陶瓷花瓶典当行能出当金 1 万元，即可判断该藏品的市场价在 1.7 万元以上。

（4）淘金市场。由于典当行的当品来源广泛，且其中不乏珍品精品，所以对收藏投资者而言是个淘金的好去处。不仅如此，在典当行淘金有两大好处：典当行都有专门的评估师，顾客无须担心绝当品的真假问题；典当品毕竟转过手，只能以二手货来定价，而且典当行比较倾向赚取相对更丰厚些的当金利息，在出售绝当物品时一般希望迅速变现，所以通常开价都较低。

9.3.2 应急型典当与理财型典当

典当有四大理财功能，在实践中，有两类典当最为常见：

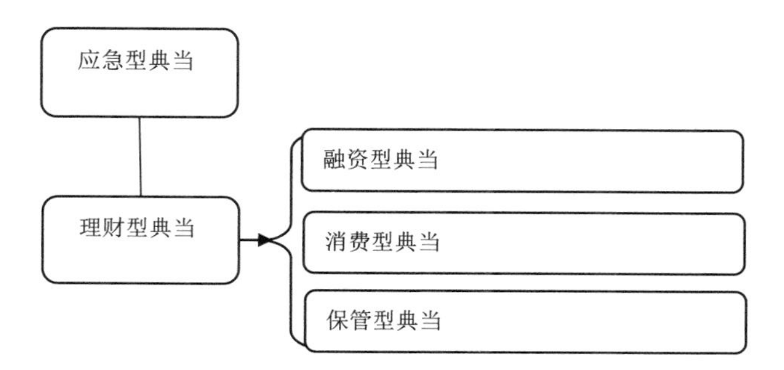

（1）应急型典当。应急型典当是指出典人急需用钱，为的是应付突发事件，如天灾人祸、生老病死等，为解燃眉之急，他们往往用自己的金银首饰、家用电器等典当，向典当行借款。

（2）融资型典当。融资型典当是指出典人理财的目的是为了从事生产或经营，如做生意用钱、上项目调头寸等。这类出典人通常是个体老板、一些中小企业。他们往往利用手中闲置的物资、设备等，从典当行押取一定量的资金，然后投入生产或经营中，将死物变成活钱，利用投资理财的时间差，获得明显的经济效益。

（3）消费型典当。消费型典当又可具体划分两种：正常消费型典当，非正常消费型典当。

正常消费型典当是指，出典人理财的目的既不为应急也不为赚钱，而纯粹是为了满足某种生活消费，如出差典当些路费、旅游典当些零花钱。

（4）保管型典当。保管型典当表明出典人不存在资金需求，其典当交易的目的在于仓储，看好典当行对当物的保管功能。这类出典人并不缺钱，而是将自己的贵重物品送至典当行保管，利用典当方式达到储物安全的目的。

我有一位好友是某外企的部门经理，在放年假的时候打算用一个月时间享受假期。但是她最担心的就是自己刚买的爱车。

这位朋友曾不止一次向我抱怨过，她所居住的小区只有露天停车场，月租 300 元，虽然有保安看守，但她还是不放心将车停在露天停车场。就在她烦恼之际，我向她建议“为什么不尝试将车开到典当行里呢”。

她对我的提议很好奇，因为在她的意识中，一旦将车放入典当行就再也拿不回来了，但是听过我对典当的简介之后，她十分心动，便到附近的典当行询问了相关的情况。

典当行告知，可按物品市场价 70% 左右折算成典当金额，同时向出典人收取每月 4% 的综合费率。我朋友的车十分新，在汽车市场可销价为 13 万元，乘以 70%，最高可获得典当金额 9.1 万元，按 4% 的综合费率计算，一个月要付三千多，这无疑极不划算。朋友有些犹豫。

随后，典当行的经理建议她：以最少的典当金额估算综合费率，以最少的典当金 1 万元进行典当，每月需要交 400 元赎金。

我的朋友考虑到虽然单月比小区的露天停车库要高上 100 元，但是典当行不仅能够为爱车提供室内车库，还能够为车做保养，保证汽车不被损坏。当即就办理了典当业务，放心地外出旅游了一个月。

9.3.3 典当前需了解的典当常识

当代典当行业的经营范围十分广泛，主要包括机动车辆、房产质押、有价证券、金银饰品、家用电器、企业产品等不同种类。不同企业或个人通过对以上物品的质押，既解决了资金临时短缺的问题，又解了燃眉之急，可谓是一举两得。

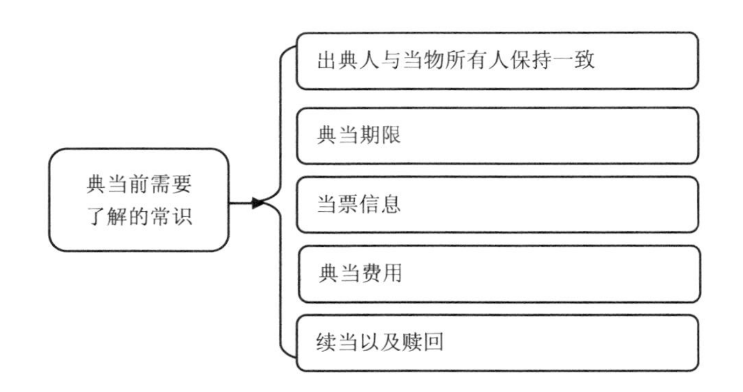

1. 出典人与当物所有人保持一致

出典人是指将一定的动产、财产权作为当物抵押给典当行以换取相应当金的人。抵押业务当中，出典人是一个必不可少的身份，并且在不同的情况之下，出典人所需承担的责任都是不同的。

典当借款需要保证出典人与当物所有人保持一致，这也是典当借款与银行贷款之间最主要的区别。如果出典人与抵押物所有人不一致，则在法律上应当被判定为无效典当借款合同处理。

2. 典当期限

按照《典当管理办法》第三十六条规定，典当期限由双方约定，最长不得超过 6 个月。同时，第三十九条又规定，典当期内或典当期限届满后 5 日内，经双方同意可以续当，续当一次的期限最长为 6 个月。如此计算，只要每个当期或者续当期不超过 6 个月，出典人续当几次典当业务都是可以的。

当然，典当是一个短期融资的平台，时间越长，出典人累计需要支付的利息和综合费也会越大。

3. 当票信息

不同的典当服务所需要提供的证件和办理的手续都是截然不同的。

典当所需证件与手续

普通商品	本人身份证原件，有发票最好，可适当提高当价
房产相关	户主身份证、户口本、房屋所有权证、土地使用证等，需现场察看房产情况
股票相关	本人身份证、深沪股东帐户卡，一般需签约监控
车辆相关	本人身份证、汽车有关证件；物资相关：本人身份证、相关财产证明

4. 典当费用收取

典当标准收费是由综合费用与利息组成。其中，综合费用是指典当公司支付出典人当金的同时，一次性扣收出典人应付当期内综合费，对于当期不足 5 日的出典人，应当按 5 日收取有关费用。

典当行综合费率

动产质押典当	典当行收取的月综合费率不得超过当金的 4.2%
泛地产抵押典当	典当行收取的月综合费率不得超过当金的 2.7%
财产权利质押典当	典当行收取的月综合费率不得超过当金的 2.4%

典当行收取利息应按照中国人民银行公布的银行机构同档次法定贷款利率及浮动范围执行。出典人应当在当期届满时，将当金利息一次性向典当行结清。

5. 续当及赎回

续当时，出典人应当结清前期当期费用以及利息。对于到期不能赎回的出典人，典当行应当凭到期单据以及个人身份证、商业执照、经办人身份证办理续当手续，续当不得超过一个月或者原定的当期。

赎回时须凭有效出典人的本人身份证，逾期 5 天后出典人既不办理续当又不办理赎回的即为绝当，典当公司可以按照有关规定处理绝当物品。

6. 何为绝当

典当期限届满或续当期限届满后，出典人应在 5 天内赎当或续当，预期不赎当或续当为绝当。

绝当后，绝当物估价金额不足 3 万元的物品，典当行可以自行变卖或折价处理，损益自负；当物估价金额在 3 万元以上的，可以按《中华人民共和国担保法》有关规定处理，也可以双方事先约定绝当后由典当行委托拍卖行公开拍卖，其中，拍卖收入在扣除拍卖费用及当金本息后，剩余部分应当退还出典人，不足的部分应当向出典人追收。

9.3.4 汽车与房产的典当

虽然典当的物品可谓五花八门，然而最受典当行青睐的产品莫过于车和房子，因为车和房产是标准化产品，容易估值、流通和变现，是热门的典当理财商品。

1. 汽车典当

汽车典当，又称机动车典当，是指以机动车为质押物进行贷款融资典当业务的一种。机动车权属人将机动车及随车证件交付给典当行，交付一定比例费用，取得当金，并在约定期限内支付当金利息、偿还当金、赎回汽车的行为。

机动车典当属于动产典当的范畴，原则上，4S 店批量新车和已上牌的私家中高档轿车均可典当，其中包括家庭用轿车、商务轿车、货车、客车、工程车等。

汽车典当虽然利息比银行要高，但其与银行贷款有着更多的优势。与银行相对烦琐漫长的贷款手续不同，汽车典当融资各方面更加灵活，同时对于像我朋友这种有特殊需求的用户来说十分方便、安心。

对于想要靠汽车典当融资的人来说，汽车融资速度相当快，一般一小时左右就可拿到贷款。

贷款期限通常分为 5 天、10 天、15 天、20 天、30 天五种当期，客户可任意选择适宜的当期。在到达当期之后，经典当行同意，可以续当。

2. 房产典当

除了汽车典当之外，房产典当也是如今十分流行的一种典当融资方式之一。从定义上来看，房产典当是指房产所有者在以其所拥有的具有完全所有权的房产作抵押向典当行借款，并在约定的时间内付清本息，赎回房产的一种融资行为。

在房产典当的过程当中，典当人并不需要将房产移交典当行占有，典当行也无权使用、收益该房产，而仅仅是限制其产权转移，将其作为清偿本息的财产担保，房产仍归原产权人使用。因此，可以说目前所指的房产典当实际上就是房产抵押，这也是为什么很多人会选择利用房产典当快速融资的原因。

举一个身边朋友的例子。我有一个好友进行自主创业，想要自己开一家小公司。但是苦于手头的资金并不充裕，并且银行贷款手续颇为复杂，使得创业的理想一拖再拖。机缘巧合，他获悉了房产典当的这一快速融资的方式。因此，持着放手一搏的心态，前往附近的典当行准备进行房产典当。

典当行承诺房产典当三日之内就能够收到现款，只需要出典人提供购房发票、房产证、户口簿等证件。典当公司派专人对他家的房屋进行评估，对他家房屋市场可销价评定为 50 万元，可拿到 70% 的现款，为 35 万元，再扣除综合费率的 2.00 万元，实际拿到款项 33 万元。

我的朋友在典当行办理好典当合同之后，收到了典当公司出具的正式发票，并且在两日之后就收到了发付的典金。

我的这位朋友开公司之后，收益一路飙升，竟然真的在短短一个月时间内净赚 20 万元，随后，银行的贷款也发放下来，朋友很快便将自己的房子赎了回来。事后，我的朋友一直在说："这就相当于用 2 万元赚到了 20 万元！

太合适了！”

的确如此，房产典当能够做到快速融资，其房产包括个人、企业名下的已经取得房产证的住宅、经济适用房、成本价住宅、危改回迁房、商品房、别墅、写字间、商铺和经营性用房、厂房、土地等。

与汽车典当不同，房产典当有其独有的特性：

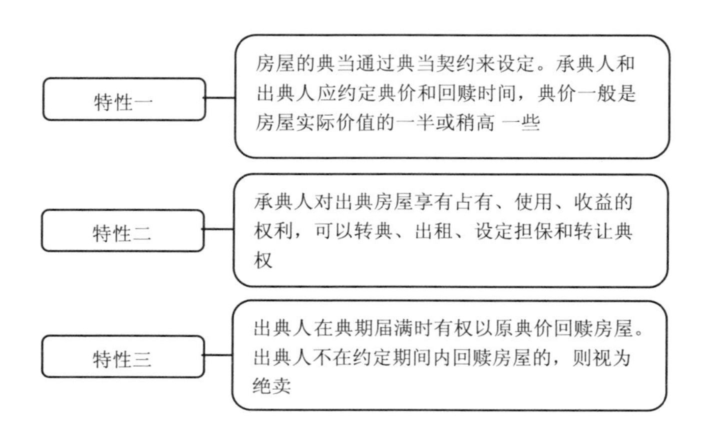

典当早已突破传统概念，有时利用典当理财未尝不失为一种好方式。

9.4 投资自己就是最好的投资

前文已经对各种投资理财的方式进行了详细介绍，其实，对于目前正为生活努力拼搏的年轻人来说，投资回报率最高的投资既不是基金股票，也不是贵金属，而是在于如何投资自己。

如果一个人懂得在年轻的时候投资自己，那么自身就会积累丰富的知识，自然而然会在日后的生活中获得更高的回报，生活的圈子也会更加广阔，借助投资理财工具对资金进行管理也会更加轻松便捷。可以说，投资自己是可以受益一生的事情。

9.4.1 巴菲特的自我投资秘诀

其实人与人之间的实力差异只有很小，但为什么仅仅因为这些微小的差异就会带来巨大的区别呢？这就是后天投资的不同。

世界闻名的传奇投资者在接受《福布斯》采访的时候说道：“你能做到的最好的投资是不能被打败、不能被收税，哪怕通胀也不能夺走的一种投资。最终，有一种投资超过所有其他投资，那就是投资你自己。没有人能够夺走你自己的内在，每个人都有自己尚未使用的潜力。”这番话再度体现了投资自己的重要意义。

股神巴菲特的成功就在于他进行自我投资。巴菲特曾经说过，他在年轻的时候十分畏惧公开演讲，甚至承认他年轻的时候每一次上台演讲都会不舒服。因此，他在自己 21 岁的时候，对自己做过一次投资，那就是用 100 美元参加了戴尔·卡内基的公开演讲课程。巴菲特直言，这是他为自己进行的第一笔投资，这次投资改变了他的生活，为他今后的成功打下了坚实的基础。

众所周知，巴菲特在 1980 年以 1.2 亿美元购入了可口可乐 7% 的股份，在可口可乐改变经销策略之后，股票单价上涨 5 倍之多，这也使巴菲特赢得满盆钵本，一跃成为最大赢家。要知道，在巴菲特选择投资可口可乐公司的时候，恰恰是所有人都不看好该股票的时刻。

巴菲特说，他敢于投资可口可乐离不开长期自我投资所培养的敏锐洞察力和自信心。通过更好的沟通，就能够打通人脉，并且使自己的潜能迸发；提高自身的才能，才能够让众人信任，才能够更有效地帮助自己获得有趣的人生。

巴菲特说：“无论你觉得你的弱点是什么，现在就解决；不管你想要学习什么，今天就开始。”我想，这也是巴菲特自我投资当中最大的秘诀。

对于自我投资，巴菲特曾经为广大的读者提出了一些简单的意见，这些意见看似不起眼，但实际上真正做起来就能够发现，仅仅是换一个发型、换一双鞋子、换一种说话的语气都有可能会使人生大不相同。

（1）投资自己的身体。俗话说“身体是革命的本钱”，的确，在当代社会纷繁激烈的竞争中，我们拼的是智慧、能力、资源，还有最重要的一项就是拼身体，没有健康体魄，何谈立业。

（2）投资自己的大脑。从幼儿园开始，直到进入工作，我们对自己大脑的投资绝对不要放松，不仅仅是要动脑学习，更要动脑抉择，要知道人生就是一个个抉择，选择一所高校，选择一份工作，选择一个伴侣，选择一位朋友，每一个选择都是人生的重要转折点，没有足够的智谋、阅历、思想，我们又怎能做出明智的选择。“活到老学到老”这句俗语在现代更是具有其重要意义，投资大脑刻不容缓。

（3）投资自己的形象。很多人一心只扑在事业上，却忽略了自身形象的重要性，甚至对包装自己的外表不屑一顾。其实，这正是陷入了投资形象的误区。形象不仅仅是一种审美，更是一种生活品位和生活态度。我们既要重视内在美，也要兼顾外在美，毕竟形象是最低成本的沟通，却也是性价比最高的投入。

（4）投资自己的专业技能。作家格拉德威尔在《异类》一书中谈道：“每一个成功的背后都有一个‘一万小时定律’，当你在某些领域悉心钻研了一万小时，那么你就可以成为这个领域的专家。”这段话其中所蕴含的道理其实十分简单，那就是：人们眼中的天才之所以卓越非凡，并非天资超人一等，而是付出了持续不断的努力。如果人人都愿意花费时间投资自己的专业技能，那么每个人都有可能会成为专家。

9.4.2 投资自己的四个重要方面

对于自我投资，每个人的想法以及方式均不相同，但总的来说，通过对巴菲特自我投资秘诀的分析，自我投资大致能够分为以下四个重要的方面：

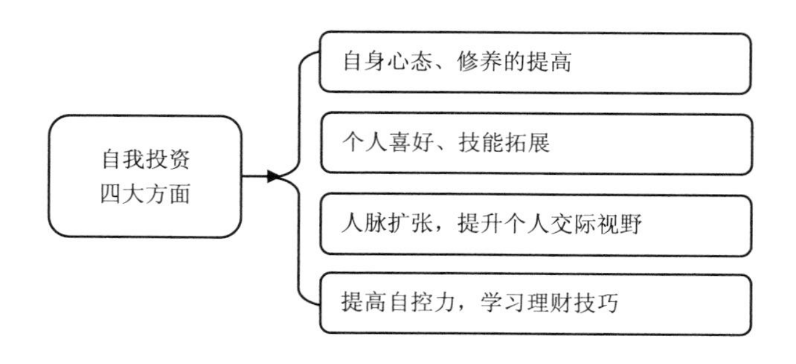

1. 培养自身修养

在这个快节奏时代，大多数人的性子都很急躁，很多人都渴望在自己二十几岁的时候就能够获得三四十岁的成功。但要知道，妄想“一夜暴富”总是不现实的，因此，提升自我修养和保持一颗持之以恒的良好心态是必不可少的。

如果说在学校的学习生涯过程当中，我们生活的重点是积累课本中的知识，那么一旦走向社会进入工作岗位，则要学会将理论化为实践，并且不断保持学习。

其中，阅读是一项能够快速积累个人修养的最好方式。俗话说“书中自有黄金屋”，通过阅读，我们能够看到更加广阔的世界，学习更加丰富的知识，提升自身的知识储备，让自己变得“有料”。

养成读书的习惯，还能够培养人的意志力，使人变得更加有耐心，更加有涵养。在阅读习惯方面，阅读能力强的人可以选择每周阅读 2 ~ 3 本书并做读书笔记，并且在阅读之后写一些短小的读书感想。对于阅读能力弱的人，每周可选择阅读 1 ~ 2 本书，可以挤出碎片时间或者睡前读一个小时书，直至养成习惯。

阅读和学习一样，短期看不出效果，更无法有很大的飞跃，但是长期的阅读会让人变得柔软，对事物的看法有自己独到思想，同时内心丰盈、强大。

除了阅读之外，提升修养的方式还有很多，例如可以选择学习一种乐器、绘画等，自身修为能够改变一个人的气质，对于自身今后的发展有百利而无一害。

2. 提高个人技能

所谓的提高个人技能是指不断提升你所坚持的爱好或特长，直到成为让你骄傲的一件事，并且使自己的生活不会过得空虚且无所事事。

如果你暂时没有自己的爱好特长，那么可以刻意培养，把你感兴趣的东西从非常喜欢到喜欢逐一排序，选取最感兴趣的第一项发展为特长，至于第二、第三喜欢的爱好则可以进行拓展。

3. 提升人际交往

也许会有人不解，为何提升人际交往也是一种对自己的投资呢？其实，关于提升人际交往这一点，是一种十分必要的自我投资。相信大家都有这样的经历，越来越多的人告诉你要注意积累人脉，拓展人脉，告诉你人脉在将来会派上大用场，但不少人却因为不屑结交“人脉”而忽视这一点。

这是因为“人脉”这个词听上去有点冠冕堂皇、不接地气，如果说“结交人脉”就是交朋友，相信会有更多人理解。可以说提升人际交往是拓展交友范围的最佳途径。

努力使自己变得更加优秀，也能够接触到更高层次、同样优秀的人，如此一来，就能够做到“见贤思齐”，从他人的身上学习长处，做到扬长避短。

同时，除了能够提升、拓展自己以外，人际交往中还能够锻炼维系关系的能力。人与人之间都有差异，想要长期有效地维持一份感情是十分困难的。一份良好的友情关系靠的是双方共同成长维系，所以需要有那么几个同甘共苦的朋友，至少当你最需要帮助时有好朋友会帮你一把。

4. 学会投资理财

对于投资理财，很多刚刚步入社会的人都会比较陌生，甚至会对理财产生反感。但仔细想想，如果对于自己分配没有合理的安排，对于自制力差的人来说，往往会让生活变得十分紧张。

如果认为自身没有足够的经济实力进行理财，也无须急于一时。其实关于理财还有很多细微的方面可以注意，例如，生活当中避免向别人借钱和借给别人钱；合理利用一些零散的闲钱。

很多人以为要有很多钱才能开始理财，但其实小到打顺风车用个券，把支付宝的钱放到余额宝，都算理财。就像我在本书开篇提到过的小侄女一样，曾经也是一个月光族，但是通过不断地学习，现在已经攒下了一笔可观的积蓄。

> 投资自己才是永不贬值的王道，投资自己可以遇见更好的人生。

第 10 章

做份理财规划，启动滚雪球理财

在你确定投资之前，首先要做个财务计划，通过制订财务计划，你可以清晰地看到有多少余钱可以用来投资，可以从总资产中分配多少资金用于投资。

本章主要内容包括：

➢ 投资前，先厘算净资产

➢ 理财规划的三个步骤

➢ 设定理财目标

10.1 投资前，先厘算净资产

用来投资的钱必须是你的闲钱，这笔闲钱你暂时或者很长的一段时间都派不上用场。如果你动用了必需的生活费和应急的钱投资，结果自然不够美妙，当你急着用钱时，必然要撤出投资的钱，这样你不但赚不到投资收益，甚至还会赔进手续费。

只要不动用必需的生活费用来投资，在生活上就不会出现财务危机，也不会在投资的过程中心生恐惧和焦虑，投资的过程是平和快乐的，享受投资收益的过程是愉快和幸福的。

所以在理财之前，首先要问问自己：我有多少闲钱可以用来投资？也就是说先盘算一下你有多少净资产。净资产到底有多少，这个问题很多人都回答不清楚，大部分人知道银行卡里有多少存款，存款里有多少钱可以用来投资却不甚明了。

在这里我先给出净资产的计算公式：

净资产 = 总资产 − 负债 − 支出

从上面的公式可以看出，计算净资产需要测算出总资产、负债和支出三项要素，通常可以从收入、支出入手计算资产。

10.1.1 由两个表格计算净资产

如何计算净资产，我给出了两个表格，分别是每月收支表、年度资产总结表，这两个表格不但在计算净资产时能派上用场，在做理财规划时也能派上用场。

可以说这两个表格是理财中很有用的工具，我建议你把它贴在自己的案头，每个月填写，它能帮助你监控现金的流向。

每月收支表

每月收入	每月支出
本人收入______	房贷或房租______
配偶收入______	生活开销（衣、食、行、通信）______
其他家人收入______	娱乐______
投资获利______	医疗费______
其他收入______	子女教育费______
	赡养老人费______
	其他支出______
合计______	合计______

每月结余（收入支出）______

年度资产总结表

年度收入	支出	负债
年终奖金或红利______	累计支出总额______	房屋贷款______
存款总额（本利总和）______	额外支出______	汽车贷款______
证券投资获利______	其他支出______	信用卡消费贷款______
其他投资获利______		其他贷款______
其他收入______		欠款______
		其他______
收入总计______	支出总计______	负债总计______

每年净资产（收入 – 支出 – 负债）______

你一项项地填写出资产和负债，然后用资产减去负债，就可以算出你的家庭净资产数额。如果家庭净资产数额是正值，说明你的财务状况良好；如果家庭净资产数额是负值，说明你的财务状况很不妙，你得好好反省一下你的理财方式了。

例如，一个家庭的净资产为 20 万元，总资产是 35 万元，那该家庭的偿债比率就是：20/35=0.57，说明该家庭即使在经济不景气时，也有能力偿还所有债务。

一般该项数值应该高于 0.5 为宜。如果太低，说明生活主要靠借债来维持；如果很高，接近 1，说明还没有充分利用自己的借款能力。

同理，负债比率应低于 0.5。而投资比率（投资资产 / 净资产）应保持在 0.5 以上，以保证家庭通过投资增加财富的能力，当然年轻家庭该指标在 0.2 左右就可以了。

通过以上工作，你就能知道自己的“家底”，知道是否有余钱进行投资，如果投资能投资多长时间。

10.1.2 详细的收支表

收入和支出是计算净资产的核心要素，在日常的理财过程中，我们有必要对收入与支出做详尽的规划和分配，并制作更为详细收支表，这个表格的存在可以条理分明地展示出目前自己的现金状况如何，例如，总体的固定收入是多少，哪些钱用来固定的必须支出，哪些是一些可以收缩的不固定支出，哪些又是可要可不要的消费。

一般而言有两种相对极端的情况，要么就是费尽心思地努力积攒资金，要么就是资金散漫不知去向，而在投资上，也是要么太过谨慎地投一些低风险投资，要么太过激进投资一些高风险产品。如果你采用这种漫无计划的理财方式，想要实现滚雪球式理财是极其困难的。

所以说，在启动滚雪球式理财之前，应该明白以下几个问题。

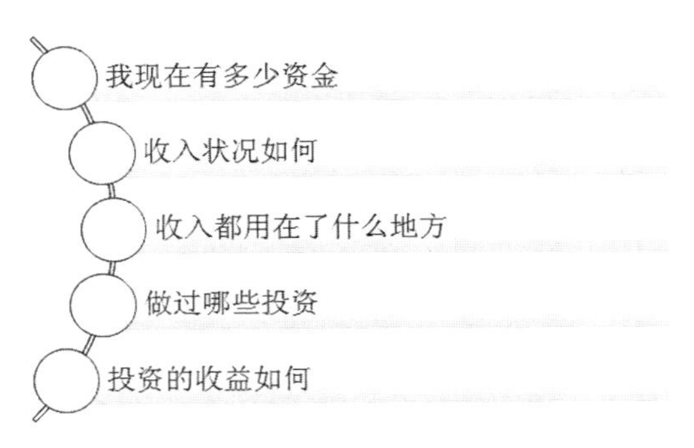

那么，我们可以尝试通过制作收入和支出表格，来辅助自己理财，使得理财更趋于合理和科学。

收入和支出的表格如何制作才显得比较科学，既能够清晰明了地显示出自己的消费用处，又能够在心里有一个实实在在的数字，知道自己能够掌握的实际是多少。

我们可以从以下的表格中借鉴一下，同时也可以根据自己的实际状况来进行适当的调整，只要符合自己的认知和习惯，都是可以的。

收入支出表

总体收入		总体支出	
年收入		年生活支出	
年终奖金 房屋按揭支出			
提成奖金		学费教育、养老费用支出	
其他收入		其他支出	
合计		合计	
年度结余（收入－支出）			

以上表格可以说是一个大的方向和笼统的规划，每个人的具体情况是不一样的，可以考虑一些自己的实际因素，随时做出调整，使得自己的理财目标更明确，理财方式更完善。但是前提是一定要对自己的生活有所了解，对

自己不固定的那部分收入有所掌握。

表格中涉及一个其他收入和其他支出，这个其他收入就和自己的实际生活有着密切的联系，不同的人有不同的情况。当然这一部分的收入可能是不确定的，事无巨细，这一部分的收入或者支出可能会涉及一些风险不一的投资和债券，或者用一部分资金来进行投资的支出。那收获的效益又如何呢？具体的分红又有多少呢，以及一些生活里细碎的支出都应该另外地通过表格表现出来，因为这样做了之后，才能在上一个表格中留下具体的可信赖的数据信息。

那么具体的一些支出消费和收入有哪些呢，我们可以做一个初步的统计，最后再生成表格，这样有方向地进行理财是比较科学的。

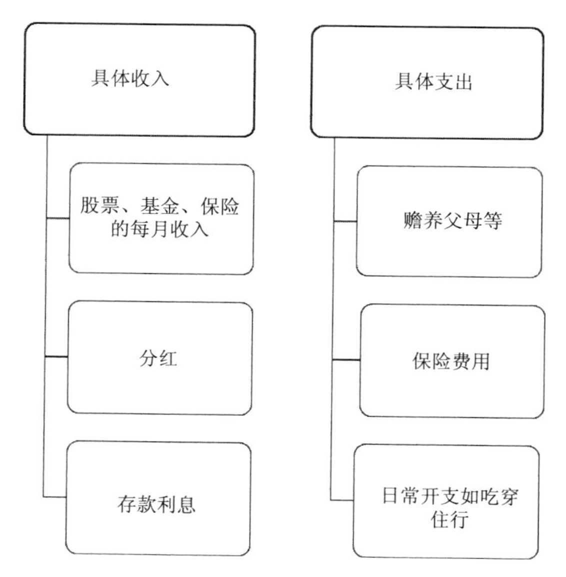

当然，上面反映出来的也只是一个大概的具体事项，之前说过了不一样的家庭或者个人都有着不同的内容，可以具体问题具体分析，但是我们可以根据这些内容制作一个表格，来指示和展现自己或家庭某项突发开支的情况以及突然状况下的资产状况。

这些投资和具体的细节支出和收益，我们可以用以下的表格来进行表示。

具体收入和具体支出表

<table>
<tr><th colspan="3">具体收益</th><th colspan="3">具体支出</th></tr>
<tr><td rowspan="3">投资收入</td><td>存款利息</td><td></td><td colspan="2">贷款偿还、保险费用</td><td></td></tr>
<tr><td>股票、基金、保险等月收益</td><td></td><td colspan="2">医疗保险、养老保险、父母赡养费用</td><td></td></tr>
<tr><td>股票、基金、保险等分红</td><td></td><td rowspan="4">衣食住行开支</td><td>平时衣物鞋袜的购置</td><td></td></tr>
<tr><td rowspan="5">其他收益</td><td rowspan="5"></td><td rowspan="5"></td><td>餐饮费</td><td></td></tr>
<tr><td>旅行出游费</td><td></td></tr>
<tr><td>交通通信费</td><td></td></tr>
<tr><td rowspan="2">其他支出</td><td>水电气物业管理费等</td><td></td></tr>
<tr><td>个人护理、保险费用等</td><td></td></tr>
<tr><td>收益总计</td><td colspan="2"></td><td>支出总计</td><td colspan="2"></td></tr>
</table>

这个表格尽可能从普遍性的角度罗列出来生活中各个方面的消费和支出情况，我们尽可能地结合自己的生活常态和突发事件做出相应地变化，而在一定的平衡基础上，我们能做的就是将自己的各项情况填在相对应的表格之内。之后可以再与第一个图表进行嵌套，如果最终的支出总计不超过收益总计的三分之二，那么你的财务状况就是相对合格的。

我们看到，表格的左侧都是相对的资产来源，也就是收入以及相对应的投资收益，因为收入的多少是我们生活质量的保障，因此这是我们应该关注的核心内容。现金能够保证我们家庭财富的稳定，也可以应对突发情况。但是现金在短时间之内无法生成规模化的效益，这需要我们在留存现金的平衡点上加以考虑。

10.2 理财规划的三个步骤

计算出净资产，算出有多少闲钱可以理财，是对资金的动向有一个清晰的了解，在启动投资前，做份详细的理财规划，理财规划能合理、有效地处理和运用钱财，让自己的闲钱发挥最大的效用，用最合理的方式来达到自己所预期的经济目标。

个人理财规划的真谛其实是要通过合理的规划，管理财富来达到人生目标。很多人认为理财就是投资，让资产升值，这是一种片面的理解。其实，真正的理财规划包括现金规划、投资规划、风险管理和保险规划、子女教育规划、房产规划、遗产传承规划等八大内容。这些规划都是为了一个目的：生活保障。

理财规划需要你花点精神与心力，了解如何有计划、有步骤、持续的执行与修正，理财还是可以自己做的。

我把做理财规划的内容用简明易行的三个步骤罗列，你只要按照步骤一步步地做下去，基本上可以为自己做一份完整的理财规划。

透过以下三个步骤，相信可对您的财务做好全盘的规划，此外，若能时常到些投资理财网站，了解新的理财信息，增进理财功力，再加上身体力行，必定可使您的财富有更有效的累积及应用。

1. 确定自己的风险承受能力

在第 5 章中我讲了每个人的风险承受能力不同，在投资前要测试了解自己的风险承受等级和风险承受能力，根据自己的自身情况和收入的稳定状况，确定合适的风险收益平衡点。高收益一定伴随着高风险，不能一味追求高收益而忽视风险的存在。

不同的人生阶段有不同风险承受能力， 进入 30 岁后，人生正处于重要阶段，风险承受能力相对弱一些，因为这个阶段的人面临婚恋、购房、事业等压力，开支会很大，而自身收入还没有达到一个高水平。所以，30 岁的人首先一定要做好日常开支规划，力争少负债，完成原始的资本积累。

进入 30 岁后，可以把 20% 的收入拿出来做一些风险投资，比如说能买点股票、纸黄金等。房产是很大的投资，很多年轻人是负担不起的，所以尽量少碰这类高风险投资。

2. 明确投资期限

理财目标有长期、中期和短期之分，所以不同的理财目标会决定不同的投资期限，而投资期限的不同，又会决定不同的风险水平。

比如，3 个月后要用的钱绝对不能用来做高风险投资。而 3 年后要用的钱就可以去做一些高回报的投资。这就是你的理财期限，你需要把你的每一笔钱的期限列出来，然后再根据这个期限制订理财方案。

3. 制订适合自己的理财方案

了解了自己的风险承受能力、确定了理财目标和投资期限，下一步就是要确定一个适合自己的理财方案。

也就是说在考虑了所有重要的因素之后，就需要一个可行性方案来操作，在理财上我们称之为投资组合。投资组合要根据第一步你确定的风险承受能力来确定。

如果你的风险承受力高，可以考虑较高风险的股票、外汇等投资方式；风险承受力低的，可以考虑低风险的债券或货币。投资组合有保守型、一般风险型、高风险型之分，如何构建投资组合在第 6 章中已经详细讲过，此处不再赘述。

10.3 设定理财目标

没有目标的理财是没有意义的，因为一个人没有理财目标，就不知道该赚多少钱，该存多少钱，什么钱该花，什么钱不该花，这样的结果就是把钱花光，根本留不住钱。噢，也许他的目标就是把钱花光吧，这可不是一个好主意。

理财和生活中的其他很多事情一样，真正开始着手之前，都是要确立一个适合自己的目标、确定合理的理财预期以及生活方式。那么，确立目标的前提是首先要对自己的基本情况做一个了解和判断。从哪些方面来了解自己的理财条件呢？可以从三个方面了解自己的理财条件，如下图所示。

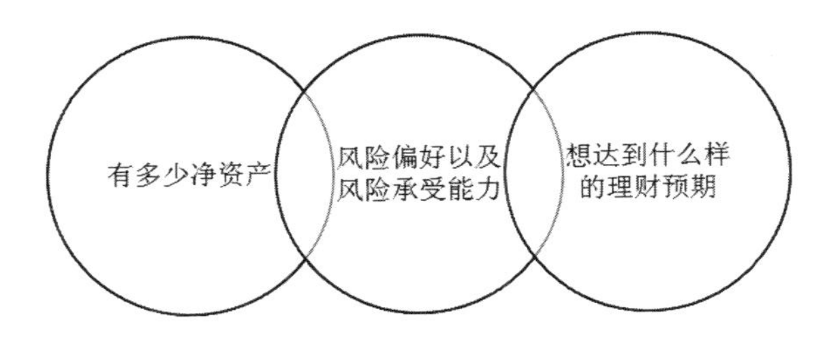

当然，家庭环境、年龄以及阶层，或者工作的目标等，都是确定理财目标的一些决定点。最为关键的是，这个理财目标要具有合理性，不要盲目地跟风，将理财的目标看成一种赚钱的手段。

10.3.1 理财的长期、中期、短期目标

不同的理财目标也不是盲目的，是有长中短期之分。并且各自实现的困难和特征也各有不同，不同的目标也表达着各自内心的需求。

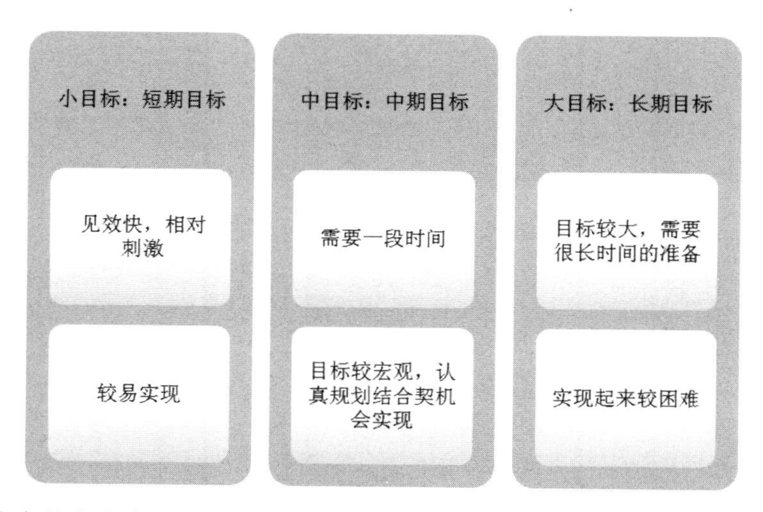

大多数人有自己的短期目标，短期目标的缺点是看得不远。当短期目标实现之后，如果没有长期目标的激励，那么短暂的成就感和快乐就会被一种虚无感代替，因此，我们应该尽快树立另外一个长期目标来加以填补。

理财的过程就像跑马拉松，想跑完全程的人才会将目标定在终点线（长期），然后制订分段计划（短期），一段一段地去完成，最后才有可能到达终点。所以从理财的特性上来说，都是先有了长期目标，才会有连绵不断的短期目标，才能避免钱包失控。所以想要理财成功，首先要有一个长期目标。

理财和我们的人生一样，需要的也是长期目标、中期目标和短期目标。也就是说，就像人生一样，需要大梦想的同时也需要小愿望。小愿望的实现也许是促成大梦想得以实现的前提。

那么在理财方面，大中小目标该如何制订呢？又如何与自己的理财习惯和方式结合起来呢？可以先从我侄女的理财经历中了解一下。

我的侄女在工作第三年时，积攒了 15 万元存款，她想买一辆 20 万元的轿车，她的同事给她提建议，可以先用这些钱去付首付，然后贷款买下来。

侄女权衡盘算了很久，发觉自己不论是从性格上还是从理财习惯上，都不喜欢以贷款的方式来实现消费愿望，她更不能接受自己有负债，所以，她决定用 15 万元先去做投资，用投资赚下来的钱，再去完成买车的愿望。

于是，她先暂时将理财的目标从买高档车转移到了适合自己的投资方向上。她根据自己的性格和风险承受能力，做了一个投资组合，她用 10 万元投资了茅台、格力电器、招商银行等优质股票，用 5 万元买了偏债券型基金。

几年过后，她持有的茅台、格力电器、招商银行等股票和基金累计实现了 50% 的收益率。总计资产超过了高档车的价值，于是，她在不增加任何负债的情况下实现了买车的愿望，而且还净赚了不少钱。

可以说，我侄女在处理自己的理财目标的时候，是十分有智慧的，她有着十分清晰的目标，她知道自己最终想要的是一种什么样的生活，同时对于自己“不喜贷款”的理财方式也心知肚明，可以说对自己的了解很到位。在这两者的结合之下，她有了目标，加上有了适合自己的投资的理财方式，那个长期的目标得以实现便也是理所当然的。

所以说，在理财上对自己的目标有一个清晰明确的认识，这是十分重要的，因为这些大中小目标是我们实行计划的指南针。

大中小目标内容

目标	内容描述
小目标（几个月至三五年）	小目标就是对自己近期甚至三到五年的时间内想要达成的愿望的实现，例如建立理财习惯、实现年化 10% 的收益率等，都可以是我们小目标的计划范围，这些小目标的实现有助于促进我们大目标的实现
中期目标（五年至十年）	五到十年的时间里，需要制定一个稍微宏伟一点的中期目标，而且要结合自己的理财习惯进行适合的投资，例如构建投资组合、进行资产配置
大目标（实现财务自由）	被动收入比例高于主动收入，启动复利，实现以钱赚钱，如规划自己的资产分配，养老保险、医疗保险等的投资该具体处理都是这个大目标该考虑的问题

这三个方面的目标，是我们人生不同的阶段该考虑的目标，就像阶梯一样，

每一级阶梯都有着连接其他阶梯的作用，这些大中小目标是一体的、密不可分的。投资理财的过程中，要有每一步的计划和步骤，这样才能保证理财的合理性。

在设定短期目标的时候，可以充分考虑一下自己的兴趣爱好，或者目前最想完成的内心强烈的欲望，比如想出国旅游好久了，想给自己家里重新装修一下了，这些都是可以在短期内实现的，就可以在有足够资金的时候去实现内心的欲求而不必有太多顾虑。

而在设定中期目标的时候，就应该在满足自己稳健的生活的需求上来适当地投资，目标可以与自己资产的多少、孩子的未来相联系。而在大目标的规划中，考虑更多的则是未来的安全度以及生活的稳定性，这样的规划以保证生活的无忧与舒适。

10.3.2 大中小目标，三者合理规划

在理财目标制订的过程中，学会将各个目标进行配合与平行十分重要，小目标的制订也要符合自身的资金情况，不要为了欲望而过度消费，当然也不要因为过多地考虑未来的安排，而忽视了自己内心渴望已久的小愿望，小愿望就是以满足自己的内心欲求和对生活的享受态度为前提的，不要为了未来的安全感而过分地压抑现在对需求的满足感。

也就是说小目标与中期目标和大目标应该形成相互应和的关系，它们之间应该有一种合理的安排规划。

平衡自己的理财目标，是理财的重要着重点。如果过分注重短期小愿望的享受而将钱透支完，那么对未来的规划就会受到影响。

理财目标的制订本身就是为了更好地指导生活，做出恰当准确的选择，所以，目标是一个方向标，不可因小失大，也不可因噎废食。

在理财的时候，对于其中的短中期规划来说，其实目标很明确，而且相对来说容易实现，同时还有很多这样的小愿望会出现，等着去实现和做出新的规划，所以就小的目标来说，应该是计划的频率稍微较高。

需要注意的是，规划小目标的时候，应考虑人际关系的因素、有利消息的获取因素等。这些也都是需要提前进行规划的。

上面提到的我侄女的案例，如果在当时她只顾着实现自己想要买高档车的规划，就会背负债务，而且很可能会花更多的时间来还债，更别说额外的那些收入了。

因此，可以看到，在小目标的实现中，也就是生活中的一些小愿望，如果能够做好提前规划，然后就可以花尽可能少的时间去完成尽可能多的计划，合理利用时间带给人的便利，既可以满足自己内心的愿望，又可以获得一个愉悦的心情。

而长期目标的处理方式就相对集中一些，如保险、基金定投、储蓄等都是比较好的理财方式。而且长期目标的制订多是以稳定性、低风险为前提的，这样的目标是一种相对合理的规划。

当然，很多人在投资理财的时候，虽然最终的理财方向是自己的选择，但是专业朋友的引导和建议也是十分重要的，对于自己理财目标的合理规划，以及自己资金方面的投资都有一定的有效作用。也就是说，理财的同时也应该充分挖掘自己周围的朋友，可以靠这些人脉资源来实现自己的理财目标。

所以，在平时的生活中，要注意人脉资源的运用以及对各种信息的收集，这样在自己做规划的时候，可以给自己提供很多便利的信息，以方便自己做出恰当的理财规划。

因此，积极开拓自己的人脉资源，对于自己制订理财的合理规划，为自己节约资金和时间能够提供很大的帮助。平时在生活中，要习惯性地把朋友们的各种信息进行记录，因为你不知道以后在自己的什么时候就可以用到朋友所能带给自己的便利。

读 者 意 见 反 馈 表

亲爱的读者：

感谢您对中国铁道出版社有限公司的支持，您的建议是我们不断改进工作的信息来源，您的需求是我们不断开拓创新的基础。为了更好地服务读者，出版更多的精品图书，希望您能在百忙之中抽出时间填写这份意见反馈表发给我们。随书纸制表格请在填好后剪下寄到：北京市西城区右安门西街8号中国铁道出版社有限公司大众出版中心 张亚慧 收（邮编：100054）。或者采用传真（010-63549458）方式发送。此外，读者也可以直接通过电子邮件把意见反馈给我们，E-mail地址是：lampard@vip.163.com。我们将选出意见中肯的热心读者，赠送本社的其他图书作为奖励。同时，我们将充分考虑您的意见和建议，并尽可能地给您满意的答复。谢谢！

所购书名：______________________

个人资料：

姓名：__________ 性别：__________ 年龄：__________ 文化程度：__________

职业：__________ 电话：__________ E-mail：__________

通信地址：______________________ 邮编：__________

您是如何得知本书的：

□书店宣传 □网络宣传 □展会促销 □出版社图书目录 □老师指定 □杂志、报纸等的介绍 □别人推荐

□其他（请指明）______________________

您从何处得到本书的：

□书店 □邮购 □商场、超市等卖场 □图书销售的网站 □培训学校 □其他

影响您购买本书的因素（可多选）：

□内容实用 □价格合理 □装帧设计精美 □带多媒体教学光盘 □优惠促销 □书评广告 □出版社知名度

□作者名气 □工作、生活和学习的需要 □其他

您对本书封面设计的满意程度：

□很满意 □比较满意 □一般 □不满意 □改进建议

您对本书的总体满意程度：

从文字的角度 □很满意 □比较满意 □一般 □不满意

从技术的角度 □很满意 □比较满意 □一般 □不满意

您希望书中图的比例是多少：

□少量的图片辅以大量的文字 □图文比例相当 □大量的图片辅以少量的文字

您希望本书的定价是多少：

本书最令您满意的是：

1.

2.

您在使用本书时遇到哪些困难：

1.

2.

您希望本书在哪些方面进行改进：

1.

2.

您需要购买哪些方面的图书？对我社现有图书有什么好的建议？

您更喜欢阅读哪些类型和层次的理财类书籍（可多选）？

□入门类 □精通类 □综合类 □问答类 □图解类 □查询手册类

您在学习计算机的过程中有什么困难？

您的其他要求：